New Media 新媒体·新传播·新运营 系列丛书

短视频

U0121874

编辑与制作

第 2 版 全彩微课版

吴航行 卢文玉 / 主编　肖雁心 / 副主编

人民邮电出版社

北京

图书在版编目（CIP）数据

短视频编辑与制作：全彩微课版 / 吴航行，卢文玉
主编. -- 2版. -- 北京：人民邮电出版社，2023.4（2023.8重印）
（新媒体·新传播·新运营系列丛书）
ISBN 978-7-115-61191-8

Ⅰ. ①短… Ⅱ. ①吴… ②卢… Ⅲ. ①视频制作—教
材 Ⅳ. ①TN948.4

中国国家版本馆CIP数据核字(2023)第025086号

内 容 提 要

　　本书集短视频制作理论与实践教学于一体，全流程地介绍了短视频制作的各种技能，共分为9章，内容包括从零开始认识短视频，短视频的策划与制作流程，短视频制作的基本技能，短视频的拍摄，抖音短视频的制作，移动端短视频的后期制作，PC端短视频的后期制作，移动端短视频制作综合案例，以及PC端短视频制作综合案例等。

　　本书既适合作为高等院校相关专业的教学用书，也适合作为视频摄像师、视频剪辑师、视频制作师、多媒体设计师等相关职业的参考用书，还可作为从事宣传、推广、营销活动的网络营销人员或新媒体运营人员等相关人员的学习用书。

　◆　主　　编　吴航行　卢文玉

　　　副 主 编　肖雁心

　　　责任编辑　连震月

　　　责任印制　王　郁　彭志环

　◆　人民邮电出版社出版发行　　北京市丰台区成寿寺路 11 号

　　　邮编　100164　电子邮件　315@ptpress.com.cn

　　　网址　https://www.ptpress.com.cn

　　　临西县阅读时光印刷有限公司印刷

　◆　开本：700×1000　1/16

　　　印张：13.5　　　　　　　　　2023 年 4 月第 2 版

　　　字数：303 千字　　　　　　　2023 年 8 月河北第 3 次印刷

　　　　　　　　　定价：69.80 元

读者服务热线：(010)81055256　印装质量热线：(010)81055316
反盗版热线：(010)81055315
广告经营许可证：京东市监广登字 20170147 号

前言
Preface

新媒体时代下，短视频行业发展态势蓬勃向上，短视频凭借其有效传达、深度互动、传播性强等优势，已经成为社交、资讯、电商等领域抢占移动互联网流量的重要工具。短视频创作者要想让自己的作品在短时间内快速吸引用户的注意力，除了通过提升短视频内容质量外，还要特别注重短视频的拍摄与后期制作，只有这样才有可能创作出热门作品。

本书自第1版出版以来，受到了广大院校教师和读者的肯定与好评。但短视频行业日新月异，为了紧跟时代发展，更好地满足读者在当前市场环境下对短视频制作知识的需求，本书结合短视频发展趋势和专家反馈意见，在保留第1版特色的基础上进行了全新改版。本次改版主要修订的内容如下。

● 结合短视频的发展与变化，对原书过时的知识与案例进行了全面更新，知识更加新颖，案例更加专业，讲解更加透彻，更加与时俱进。

● 增加了短视频拍摄部分的内容占比，从专业角度指导读者学习构图、运镜、转场等关键技术，真正提升读者短视频拍摄的水平。

● 对"移动端短视频的后期制作"和"PC端短视频的后期制作"两个章节进行了全面调整，此次介绍的视频制作工具主要以剪映、Premiere为主，更有针对性，讲解也更加深入。

与第1版相比，新版的知识体系更加完善，课程内容更加全面、新颖，更加注重理论与实践的结合，突出实用性和可操作性，强调学、做一体化，让读者在学中做、在做中学，能够带领读者全面掌握短视频编辑与制作的方法和技巧。同时，本书引领读者从二十大精神中汲取砥砺奋进力量，并学以致用，以理论联系实际，推进短视频行业高质量发展。

本书主要特色如下。

● 案例主导、简单易学。本书列举了大量关于短视频策划、拍摄与后期制作的精彩案例，并详细阐述了案例的操作过程与方法，使读者通过案例演练真正达到一学即会、举一反三的学习效果。

● 强化应用、注重技能。本书立足于实际应用，从短视频创作团队组建到内容策划，从短视频脚本撰写到运镜手法，从短视频画面构图到转场设计，从短视频拍摄到后期制作，突出了"以应用为主线，以技能为核心"的编写特点，体现了"导教相融、学做合一"的教学思想。

● 同步微课、全彩印刷。用手机扫描书中实操案例旁边的二维码，即可观看相应的微课视频，可以帮助读者强化学习效果。此外，为了让读者更直观地观察图像效果，对照微课视频进行深入学习，本书采用全彩印刷，并设计了精美的版式，让读者在赏心悦目的阅读体验中快速掌握短视频编辑与制作的各种技能。

● 资源丰富、拿来即用。本书提供了丰富的立体化教学资源，包括案例素材、PPT课件、教学大纲、电子教案、课程标准、模拟试卷等，选书老师可以登录人邮教育社区（www.ryjiaoyu.com）下载并获取相关教学资源。

本书由吴航行、卢文玉担任主编，由肖雁心担任副主编。尽管本书在编写过程中力求准确、完善，但书中难免存在不足之处，恳请广大读者批评指正。

编　者

2023年3月

目录
Contents

目录
Contents

目录
Contents

目录
Contents

第 1 章　从零开始认识短视频

学习目标

- 了解短视频的特点和类型。
- 了解短视频的发展趋势。
- 了解短视频的商业价值。

技能目标

- 能够根据渠道、内容和生产方式对短视频进行分类。
- 能够分析不同短视频的商业变现模式。

素养目标

- 坚持社会主义核心价值观，把握短视频发展的正确方向

　　随着新媒体行业的不断发展，短视频应运而生，并迅速发展成为新时代互联网内容传播形式之一，同时也创造了互联网营销的新风口。本章将从互联网营销的角度对短视频的特点、短视频的类型、短视频的发展趋势和短视频的商业价值进行介绍。

1.1　短视频的特点

短视频是一种新的视频形式，主要依托于移动智能终端实现快速拍摄和美化编辑，可以在社交媒体平台实时分享。短视频融合了文字、语音和视频，可以更好地满足用户的表达与沟通、展示与分享的需求。

短视频不只是长视频在时长上的缩短，也不只是非网络视频在终端上的迁移，短视频具备了制作门槛低、互动性和社交属性强、消费与传播碎片化的特征，其特点如下。

1. 内容短小精悍

短视频的时长一般在15秒到5分钟之间，由于时间有限，短视频展示出来的内容大多是精华，在开头的前3秒就要抓住用户的注意力。

2. 表现形式多元化

短视频的表现形式是多元化的，有技能分享、幽默搞怪、时尚潮流、社会热点、街头采访、公益教育、广告创意、商业定制等内容，符合用户个性化和多元化的审美需求。

3. 制作门槛较低

短视频的制作门槛较低，实现了生产流程简单化，用户可以使用一部手机来实现短视频的拍摄、剪辑、上传和分享。如今大多数短视频App自带滤镜和特效功能，且简单易学，使用门槛较低。

4. 信息呈碎片化

随着科技的快速发展，人们的生活和工作节奏越来越快，生活中的时间逐渐呈现碎片化状态。短视频的时长一般在5分钟以内，其短平快的大流量传播内容恰好符合信息碎片化这一特点，从而实现了快速发展。此外，移动互联网的普及为短视频提供了技术支持，各短视频平台的出现也推动了短视频行业的飞速发展。

5. 互动性强

用户通过短视频可以进行单向、双向甚至多向的交流。对短视频发布者而言，短视频的这种优势能够帮助其获得用户的反馈信息，从而更有针对性地改进自身；对用户而言，他们可以通过短视频与发布者产生共鸣或互动，对短视频的内容或品牌信息等进行传播，或者表达自己的意见和建议。这种互动性使短视频能够得到快速传播，使宣传和营销效果得到有效提升。

6. 营销成本较低

与电视广告、网页广告等传统视频广告高昂的制作和推广费用相比，短视频在拍摄、剪辑、上传、推广等方面具有极强的便利性，成本较低。由于短视频观看免费，用户群体数量大，短视频内容精良丰富，很容易使宣传商品的好感度与认知度得到提升，从而以较低的成本得到更有效的推广。

7. 营销效果好

短视频是一种图、文、影、音的结合体，能够给用户提供一种立体且直观的感受。

短视频用于营销时，一般需要符合内容丰富、价值性高、观赏性强等标准。只有符合这些标准，短视频才能赢得大多数用户的青睐，使用户产生购买商品的强烈欲望。

短视频营销的高效性体现在用户可以边看短视频边购买商品，这是传统的电视广告所不具备的重要优势。在短视频中，商家可以将商品的购买链接放置在短视频播放界面下方，从而让用户实现"一键购买"。图1-1所示为某博主利用抖音短视频展示美食的制作过程，而制作该美食时用到的高活性干酵母粉的购买链接位于短视频播放界面下方，供感兴趣、有需求的用户点击购买。

图1-1　某博主利用抖音短视频展示美食的制作过程

8. 指向性强

与其他营销方式相比，短视频具有指向性优势，因为它可以准确地找到目标用户，实现精准营销。用户通常会在短视频平台上搜索关键词，这样用户在搜索时就能更准确地找到自己想看的内容，使短视频营销指向更加精准。商家还可以通过在短视频平台发起活动来吸引用户，而实实在在的折扣是用户参与活动的直接动力。

1.2　短视频的类型

目前，各大平台上的短视频类型多种多样，其针对的目标用户群体也各不相同。下面将从渠道、内容及生产方式3个方面来介绍短视频的类型。

1.2.1　短视频渠道类型

短视频渠道就是短视频的流通线路。按照平台特点和属性，短视频可以细分为5种渠道，分别是资讯客户端渠道、在线视频渠道、短视频渠道、社交媒体渠道和垂直类渠道，如图1-2所示。

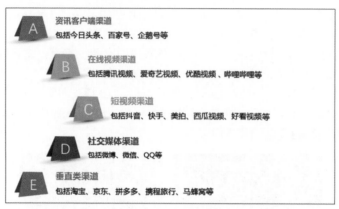

图1-2　短视频渠道类型

1.2.2　短视频内容类型

当前短视频内容类型多种多样，既可以满足广大用户的娱乐消遣需求，又可以满足用户的信息搜索需求和学习需求。按照短视频的内容类型分类，短视频的常见类型分为以下几种。

1. 娱乐剧情类

很多用户观看短视频的目的是娱乐消遣，缓解压力，放松心情，所以娱乐剧情类的内容在短视频中占有很大的比重。娱乐剧情类的短视频分为情景剧、脱口秀等类型，故事一般贴近生活，让用户在放松心情的同时还能引起他们的情感共鸣，如图1-3所示。

2. 才艺展示类

这类短视频包括唱歌、跳舞、演奏乐器、健身、厨艺展示、特殊技能等。才艺展示可以满足用户的好奇心，让用户充满钦佩感，同时引起用户的模仿和学习，互动性强，如图1-4所示。

图1-3　娱乐剧情类

图1-4　才艺展示类

3．人物出镜讲解类

这种多出现在一些知识类短视频，如百科知识讲解、历史类知识讲解，很多企业也采用这种短视频来讲解行业知识，从而提高自己的知名度。"种草"类、评测类短视频也往往采用这种形式，如图1-5所示。

4．人物访谈类

人物访谈类分为两种，一种是采访行业关键意见领袖（Key Opinion Leader，KOL），另一种是采访街头路人。这类短视频互动性强，话题感十足，往往会引起用户的热议，获得巨大的流量，如图1-6所示。

图1-5　人物出镜讲解类　　　　图1-6　人物访谈类

5．动画类

动画类短视频有着独特的"吸粉"优势，虚拟的知识产权（Intellectual Property，IP）形象比真人更容易打造，而且能创作的内容形式更加丰富，不会受到场景的限制，如图1-7所示。

6．文艺清新类

这类短视频主要针对文艺青年，其内容与生活、文化、习俗、传统、风景等有关，内容的风格给人一种纪录片、微电影的感觉。这类短视频的画面一般很优美，色调清新淡雅。不过，这类短视频的选题是最难的，而且比较小众。与其他类型的短视频相比，这类短视频的播放量比较少，但粉丝黏性非常高，也比较容易变现，如图1-8所示。

7．技能类

这类短视频通常以生活小窍门为切入点。总体来看，这类短视频的风格清晰，节奏较快，一般情况下一个技能会在1~2分钟讲清楚，而且短视频的整体色调和配乐都比较轻快，会让用户有兴趣驻留并观看完毕，如图1-9所示。

8．治愈类

治愈类短视频主要依靠美好的画面来赢得用户的好感，主体主要是可爱的婴幼儿和宠物等。这类短视频的主题大都很温馨，能够触及用户柔软的内心，吸引用户反复观看并点赞转发，如图1-10所示。

9. 录屏解说类

这种多见于影视剧解说、产品功能介绍、教学分享等短视频，其简单明了，清晰易懂，但是互动性较弱，如图1-11所示。

图1-7　动画类

图1-8　文艺清新类

图1-9　技能类

图1-10　治愈类

图1-11　录屏解说类

↘ 1.2.3 短视频生产方式类型

短视频按照生产方式可以分为用户生产内容（User Generated Content，UGC）、专业用户生产内容（Professional User Generated Content，PUGC）和专业生产内容（Professional Generated Content，PGC）3种类型，其特点如图1-12所示。

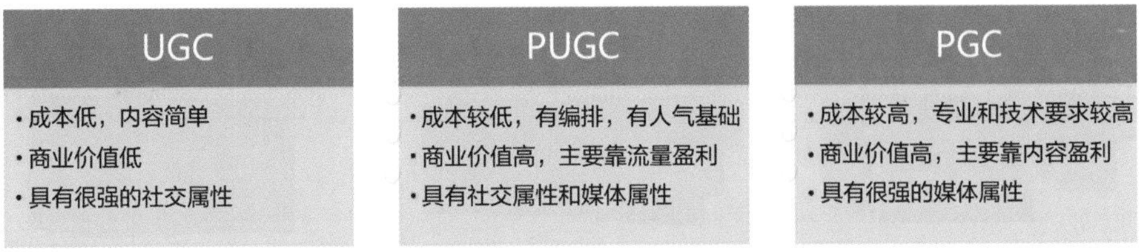

UGC	PUGC	PGC
·成本低，内容简单 ·商业价值低 ·具有很强的社交属性	·成本较低，有编排，有人气基础 ·商业价值高，主要靠流量盈利 ·具有社交属性和媒体属性	·成本较高，专业和技术要求较高 ·商业价值高，主要靠内容盈利 ·具有很强的媒体属性

图1-12 短视频生产方式类型

● UGC，平台普通用户自主创作并上传内容。普通用户指非专业个人生产者。
● PUGC，平台专业用户创作并上传内容。专业用户指拥有粉丝基础的"网红"，或者拥有某领域专业知识的KOL。
● PGC，专业机构创作并上传内容，通常独立于短视频平台。

1.3 短视频的发展趋势

随着短视频行业的高速发展，越来越多的商家和企业看到了短视频行业蕴含的巨大商机，并迅速进入这一行业，以短视频为载体进行营销和推广，且获得了可观的经济效益。同时，很多名人纷纷加入各大短视频平台，尤其是抖音和快手，这使短视频的营销价值进一步提升。由此可见，短视频已经成为互联网发展的风口之一，并呈现出以下发展趋势。

1. 市场规模将会高速增长

随着短视频行业的进一步规范，以及短视频内容的逐步完善，短视频的商业价值会逐渐提高，其市场规模将会保持高速增长的趋势。

2. 多频道网络进一步发展壮大

多频道网络（Multi-Channel Network，MCN）机构是一种代理机构，可以把它理解为短视频达人们的经纪公司，可以作为短视频创作者、短视频平台和广告主之间的桥梁。随着短视频行业的日益成熟，短视频平台的补贴越来越少，很多短视频创作者需要加入实力雄厚且专业的MCN机构来获得更多的资源和经济效益。因此，MCN机构在未来会获得更有利的发展机会。

3. 逐渐深入挖掘用户价值

随着短视频行业进入成熟阶段，用户数量增长的速度减缓，短视频实现其商业价值的重心要从追求用户数量转向深度挖掘单个用户的价值。因此，这也需要短视频行业发掘和完善出一种持续输出、传导和挖掘用户价值的商业盈利模式。

4. 优质内容仍是发展的关键

未来几年，优质内容仍是短视频行业发展的关键所在。在运营短视频时，其发力点应当是运用各种有效措施，鼓励短视频创作者多产出内容好、质量高、吸引人的优秀作品，无论是平台企业还是个人短视频创作者，只有不断地产出优质内容，才能赢得长期关注。

5. 逐渐拓宽用户群体范围

在运营短视频时，不能只关注年轻群体，庞大的中老年群体同样也有自身的视听及消费需求。短视频平台应做好顶层设计，细分出合理、差异化的短视频垂直内容板块，鼓励个人及企业用户创作出适合各年龄层次群体的短视频。

6. 新兴技术会增强短视频的传播力

5G、大数据、人工智能等前沿技术会使短视频传播更迅速、精准、垂直和智能化，不断增强短视频的传播力与竞争力，更好地满足用户在碎片化时间里对知识信息及休闲娱乐的需求，进一步降低用户的筛选取舍成本。

另外，增强现实（Augmented Reality，AR）、虚拟现实（Virtual Reality，VR）、无人机拍摄和全景等技术的成熟和应用也会不断提升用户的视觉体验，进一步提高短视频内容的质量。

7. 跨界整合式营销模式逐步兴起

企业在进行短视频营销时，要将商品、渠道和文化进行跨界整合，从多个角度诠释品牌和商品的特点和价值，并融入短视频内容中，借助短视频的传播和社交属性提升营销效果。例如，短视频行业与互联网电商深度融合，将是下一个发展蓝海。到目前为止，除了广告外，互联网电商是实现短视频流量变现的较直接也是较为成熟的途径之一。

1.4 短视频的商业价值

商业价值是对优质内容的回报，也是短视频创作者持续输出优质内容的动力。短视频创作者持续输出优质内容，积累起大量人气后，就会考虑流量变现的问题。在此之前，短视频创作者要清楚短视频的商业变现模式。

目前，短视频的商业变现主要有4种模式：平台分成和补贴、广告、电商、用户付费，如图1-13所示。

1. 平台分成和补贴

很多短视频平台有自己的分成和补贴计划，以此来激励短视频创作者创作出更多的

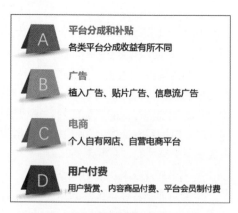

图1-13 短视频的商业变现方式

优质内容，鼓励更多的优秀短视频创作者入驻，从而为短视频平台带来更多的流量。

2．广告

短视频凭借其优质的内容、年轻化的用户群体和表现方式的多样性，受到许多广告主的青睐。当前，短视频在广告变现上主要有植入广告、贴片广告和信息流广告3种形式。

（1）植入广告

植入广告是指将广告信息和短视频内容相结合，通过品牌露出、剧情植入、口播等方式来传递广告信息。短视频植入广告的效果一般较好，但对内容和品牌的契合度要求较高。

（2）贴片广告

贴片广告包括互联网平台贴片和内容方贴片两种形式。互联网平台贴片通常为前置贴片，在短视频播放前以不可跳过的独立广告形式出现；内容方贴片通常为后置贴片，即短视频播放内容结束后追加一定时间的广告内容。

（3）信息流广告

信息流广告是指出现在短视频推荐列表中的信息流广告，也是应用较多的广告形式之一。

3．电商

短视频凭借其丰富的信息展示、直接的感官刺激、附着的优质流量及商品跳转的便捷性，在电商变现的商业模式上具有得天独厚的优势。当前，短视频电商变现上主要分为两种形式：一种以PUGC个人"网红"为主，通过自身的影响力为自身网店导流；另一种以PGC机构为主，通过内容流量为自营电商平台导流。

4．用户付费

短视频在用户付费变现上主要有3种形式，分别是用户赞赏、内容商品付费和平台会员制付费。

（1）用户赞赏

用户赞赏指用户对喜爱的短视频内容通过赞赏的方式进行支持。

（2）内容商品付费

内容商品付费指用户对单个内容进行付费观看，通常是知识类垂直领域的内容。

（3）平台会员制付费

平台会员制付费指用户向平台定期支付费用，获取平台付费优质内容的观看权限。

课后练习

1．简述短视频的特点。
2．简述短视频的渠道类型、内容类型和生产方式类型。
3．简述短视频的商业变现模式。

第 2 章　短视频的策划与制作流程

学习目标

- 了解短视频创作团队的成员及其职责。
- 掌握短视频内容策划要点。
- 掌握短视频脚本的撰写技巧。
- 了解短视频制作的流程。

技能目标

- 能够根据短视频创作需要策划短视频选题及内容。
- 能够撰写简单的短视频脚本。

素养目标

- 培养创新思维，系统学习理论知识，敢于实践。

　　随着短视频领域的不断发展与商业变现模式的明朗化，现在越来越多的个人或团队争相进入短视频领域。那么，要制作一个短视频作品，从前期准备到后期发布，需要经历一个怎样的流程呢？本章将详细介绍短视频创作团队的组建、短视频内容策划要点、短视频脚本的撰写和短视频制作流程等内容。

2.1　短视频创作团队的组建

短视频的策划与制作是一个系统性的工作，持续不断地更新优质内容对短视频创作者的要求会更高，独自完成所有工作是不太可能的事情，因此需要组建短视频创作团队，大家分工协作，不仅可以提高工作效率，还能提升内容质量和运营效果。

2.1.1　编导

在短视频创作团队中，编导是"最高指挥官"，相当于节目的导演，主要对短视频的主题风格、内容方向及短视频内容的策划和脚本负责，按照短视频定位及风格确定拍摄计划，协调各方面的人员，以保证工作进程。另外，在拍摄和剪辑环节也需要编导的参与，所以这个角色非常重要。

2.1.2　摄像师

优秀的摄像师是短视频能够成功的重要因素，因为短视频的表现力及意境都是通过镜头语言来表现的。一个优秀的摄像师能够通过镜头完成编导布置的拍摄任务，并给剪辑师留下非常好的原始素材，节约大量的制作成本，并完美地达到拍摄目的。因此，摄像师需要了解镜头语言，掌握拍摄技术，对视频剪辑工作也要有一定的了解。

2.1.3　剪辑师

剪辑是声像素材的分解重组工作，也是对声像素材的一次再创作。将素材变为作品的过程，实际上是一个精心的再创作过程。

剪辑师是短视频后期制作中不可或缺的重要职位。一般情况下，在短视频拍摄完成之后，剪辑师需要对拍摄的原始素材进行选择与组合，舍弃一些不必要的素材，保留精华部分，还会利用一些视频剪辑软件对短视频进行配乐、配音及特效制作，其根本目的是要更加准确地突出短视频的主题，保证短视频结构严谨、风格鲜明。对短视频来说，后期制作犹如"点睛之笔"，可以将杂乱无章的片段进行组合，变成一个完整的作品，而这些工作都需要剪辑师来完成。

2.1.4　运营人员

虽然精彩的内容是短视频得到广泛传播的基础条件，但短视频的传播也离不开运营人员对短视频的网络推广。新媒体时代下，由于短视频平台众多，传播渠道多元化，若没有一个优秀的运营人员，无论多么精彩的内容，恐怕都会淹没在茫茫的信息大海中。由此可见，运营人员的工作直接关系着短视频能否被用户注意，进而进入商业变现的流程。运营人员的主要工作内容如图2-1所示。

2.1.5　演员

拍摄短视频所选的演员一般是非专业的，在这种情况下要根据短视频的主题慎重选择，演员形象和角色的定位要一致。不同类型的短视频对演员的要求是不同的。例如，脱口秀类短视频倾向于一些表情比较夸张，可以惟妙惟肖地诠释台词的演员；故事叙事类短视频倾向于肢体语言表现力及演技较好的演员；美食类短视频对演员传达食物吸引力的能力有着较高的要求；生活技巧类、科技数码类及电影混剪类短视频对演员没有太多演技上的要求。

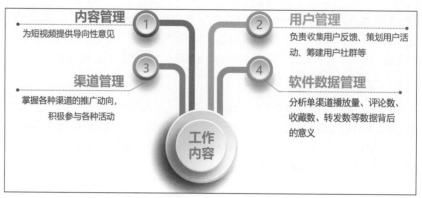

图2-1 运营人员的主要工作内容

2.2 短视频内容策划要点

为了能够更深层次地诠释内容，将短视频作品的主题表达得更清楚，实现资源的优化配置，短视频创作团队在拍摄短视频前要进行周密的内容策划。

↘ 2.2.1 明确短视频的定位

短视频的内容策划不是一步到位的事情，需要针对不同的用户群体采用不同的内容方向、内容主题和风格，并相应地进行脚本撰写和拍摄前的筹备工作。总体来说，短视频内容策划主要包括定位用户类型、定位内容方向、确定短视频的表现形式等。

1. 定位用户类型

短视频以获得用户认可和喜爱为目标，因此短视频创作者要以用户为中心，在进行短视频内容策划时首先要定位用户类型，具体做法如下。

（1）收集用户的基本信息

用户的基本信息是指用户在观看和传播短视频过程中产生的各种数据。短视频创作者需要收集用户的基本信息主要包括人口学变量（年龄、性别、婚姻状况、职业等）、用户目标、用户使用场景、用户行为数据等。

（2）归纳用户的特征属性

收集用户的基本信息后，就可以分析这些信息并归纳用户的特征属性，实现对用户的定位。短视频创作者可以从专业数据统计机构发布的报告中获取用户的特征属性，包括用户规模、日均活跃用户数量、使用频次、使用时长、性别分布、年龄分布、地域分布、活跃度分布等。

（3）整理用户画像

归纳用户的特征属性后，短视频创作者就可以将这些信息整理成完整的用户画像。用户画像是根据用户的属性、习惯、偏好、行为等信息抽象描述出来的标签化用户模型。

（4）推测用户的基本需求

推测用户的基本需求有助于创作更具有吸引力的短视频，增强用户的黏性。用户的基本需求主要有获取知识技能、获取新闻资讯、休闲娱乐、提升自我归属感，以及寻求消费指导等。

2. 定位内容方向

由于短视频创作者的知识文化水平、人生经历和兴趣爱好不同，擅长的短视频领域也不同，所以短视频创作者要根据个人特长来定位短视频的内容方向，只有选择自己擅长的领域，才能持续产出高质量的短视频。

短视频创作者在根据个人特长定位短视频内容方向时可以参照以下步骤。

（1）分析自身条件，如自身所处的地域、自身的知识水平、年龄、擅长的技能、工作领域、自身的兴趣爱好等，看自身是否能熟练使用各种拍摄设备和视频剪辑软件。

（2）观看各种类型的短视频，从短视频创作者的角度分析这些短视频，看自身是否可以制作同样类型的短视频，根据自己的特长和知识技能选择适合自身的类型，并形成分析报告。

（3）根据分析报告找出2~3种短视频内容类型，在短视频平台上搜索同类型的优质账号，观看其发布的短视频，学习和模仿其制作手法。

（4）尝试制作并发布该内容类型的短视频，在一个月后，如果用户关注度和粉丝量没有达到预期，再更换其他内容类型。

除了考虑个人特长之外，短视频创作者在定位时最好选择热门的内容方向，如干货类、情感类、搞笑类、正能量类、Vlog类、宠物类、美食类、评测类和才艺展示类等。

3. 确定短视频的表现形式

短视频的表现形式主要有图文形式、实拍形式、动画形式和创意形式等。

（1）图文形式

图文形式的短视频主要由一张或几张图片与说明性的文字组成，有时会出现与内容相关的人物。这种内容表现形式最为简单，容易操作，几乎不需要视频拍摄和后期制作。但是，要想让图文形式的短视频吸引用户的注意，文字要很讲究，文字内容要精雕细琢，足够惊艳。

图文形式短视频的缺点是用户很难在较短的时间内快速理解信息，有时为了理解信息要暂停短视频，操作比较麻烦，体验感较差。另外，图文形式的短视频因为没有什么剧情和人物，不需要人设，所以变现能力也不强。

（2）实拍形式

实拍形式的短视频在所有短视频中占比最多，这类短视频更具真实感和代入感，更容易拉近与用户的距离。

实拍形式大体可以分为真人出镜和其他事物出镜两大类。

真人出镜形式的效果要比纯字幕和图文形式好得多，因为其更真实、具体且生动，除了外形之外，还有动作、表情、语言和个性，所以更容易获得用户的好感，使内容得到快速传播。真人出镜的短视频种类有脱口秀、搞笑剧情、知识分享、探店、Vlog等，如图2-2所示。其他事物出镜的短视频中，宠物、风景和美食出现得比较多，如图2-3所示。

图2-2　真人出镜

图2-3　其他事物出镜

（3）动画形式

短视频平台上的动画形象一般分为两种，即三维动画角色和二维漫画角色。动画形式的短视频降低了动画的制作成本，而且不断更新、碎片化的发布方式让用户可以陪伴动画角色一起成长，增强了用户对动画角色的信赖感和亲切感，该类短视频用户黏性非常高，如图2-4所示。

（4）创意形式

创意形式是指采用创新的艺术表现形式，这种形式的内容往往会非常吸引用户的注意力，如图2-5所示。短视频创作者要重视那些新鲜又有创意的选题，如果有新颖的思路，不妨尝试着做出来。创意形式可以快速触达用户心理，但对需要积累粉丝或新兴的团队来说，该类短视频也存在很大的风险，因此要以稳扎稳打为主、新颖创意为辅，以降低时间成本和试错成本。

图2-4　动画形式

图2-5　创意形式

↘ 2.2.2 明确短视频的选题

明确短视频的选题是制作短视频的前提，不管短视频的内容方向属于哪个领域，选题都要遵循以下原则：坚持用户导向，以用户需求为前提，贴近和满足用户的需求；选题要与短视频账号的定位相关联、相匹配、有垂直度，从而提升短视频账号在专业领域的影响力，增强用户的黏性。

明确短视频选题的方法有以下几种。

1. 围绕垂直领域的关键词扩展

短视频创作者可以运用九宫格创意法来对关键词进行扩展。九宫格创意法是一种有助于扩散性思维的思考策略，利用一幅九宫格图将选题写在中央，然后把由选题所引发的各种想法或联想写在其余的八个框内。围绕垂直领域关键词进行扩展与细化的选题方法可以帮助短视频创作者系列化地产出内容，拓展内容创意的范围，对用户形成长期的吸引力，大幅增强用户的黏性。

2. 结合热点确定短视频选题

短视频创作者要提升自身对网络热点的敏感度，善于捕捉并及时跟进热点，根据这类选题制作出来的短视频可以在短时间内获得大量的流量，快速提升短视频的播放量。短视频创作者在结合热点进行选题时，要实时关注网络热点排行榜，如抖音热榜、微博热搜榜、百度热搜榜等，也可以关注飞瓜数据等第三方数据平台上的热点内容。

3. 从评论区收集用户的想法

评论区是短视频创作者与用户有效交流的渠道，它可以折射出用户的很多态度，如赞同、反对、质疑或者提出新的问题，这些都可以发掘为短视频素材。因此，短视频创作者可以从自己的短视频账号评论区或竞争对手账号评论区中收集用户的想法，策划出有价值的选题，以增强短视频的互动性，丰富短视频的内容。

4. 搜索关键词，收集有效信息

在策划选题时，短视频创作者可以使用不同的搜索引擎搜索关键词，常用的搜索引擎有百度、微博搜索、微信搜一搜、头条搜索等，然后对搜索的有效信息进行提取、整理、分析与总结，进而策划出有价值的短视频选题。

2.3 短视频脚本的撰写

短视频脚本是短视频内容的大纲，可以确定短视频内容的发展方向，提高拍摄效率，保证短视频的拍摄主题明确，降低沟通成本，提高短视频的制作质量。

↘ 2.3.1 短视频脚本类型

短视频脚本主要有拍摄提纲、文学脚本和分镜头脚本3类。

1. 拍摄提纲

拍摄提纲就是为短视频搭建的基本框架。在拍摄短视频之前，短视频创作者将需要拍摄的内容罗列出来。选择拍摄提纲这类脚本，大多是因为拍摄内容存在着不确定的因素。拍摄提纲比较适合纪录类和访谈类短视频的拍摄。

2. 文学脚本

文学脚本偏重于交代内容，适用于非剧情类的短视频，如知识讲解类短视频、评测类短视频。

撰写文学脚本主要是规定人物所处的场景、台词、动作姿势和状态等。例如，知识讲解类短视频的表现形式以口播为主，场景和人物相对单一，因此其脚本撰写就不需要把景别和拍摄手法描述得很细致，只要明确每一期的主题，标明所用场景之后，写出台词文案即可。因此，这类脚本对短视频创作者的语言逻辑能力和文笔的要求会比较高。

3. 分镜头脚本

分镜头脚本最为细致，可以将短视频中的每个画面都体现出来，对镜头的要求会逐一写出来，撰写起来最耗费时间和精力，也最为复杂。

分镜头脚本对短视频的画面要求很高，更适合类似微电影的短视频。由于这种类型的短视频故事性强，对更新周期没有严格的限制，短视频创作者有大量的时间和精力去策划。使用分镜头脚本既能符合严格的拍摄要求，又能提高拍摄画面的质量。

分镜头脚本的撰写必须充分体现短视频故事所要表达内容的真实意图，还要简单易懂，因为它是一个在拍摄与后期制作过程中起着指导性作用的总纲领。分镜头脚本的主要内容包括景别、镜头运用、画面、故事内容、台词、音效和时长等。

↘ 2.3.2　短视频脚本的构成元素

短视频脚本的构成元素主要有8个，即框架搭建、主题定位、人物设置、场景设置、故事线索、影调运用、音乐运用和镜头运用，如图2-6所示。

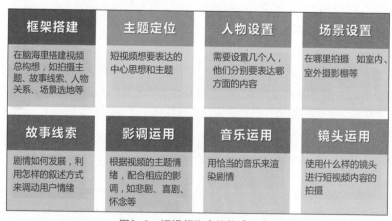

图2-6　短视频脚本的构成元素

↘ 2.3.3　短视频脚本的写作思路

短视频脚本的写作思路主要包括以下3个步骤。

1. 做好脚本撰写的前期准备

短视频创作者要为撰写短视频脚本进行一些前期准备，包括以下3点。

（1）明确主题

短视频的内容通常有一个主题，可以展示内容的具体类型。明确的主题定位可以奠定脚本撰写基调，让短视频内容与账号定位更加契合，形成更加鲜明的个性，增强吸引力。

（2）确定拍摄时间

提前确定拍摄时间有助于落实拍摄方案，提高工作效率，同时可以提前与摄像师确定拍摄时间，规划好拍摄进度。

（3）明确拍摄地点

提前明确拍摄地点有助于拟定短视频大纲并填充内容细节，不同的拍摄地点对布光、演员和服装等的要求不同，也会影响最终的成片质量。

2. 搭建内容框架

搭建内容框架是指确定内容细节和表现方式来展现短视频的主题，包括人物、场景、事件、转折点等，并做出详细的规划。

在搭建内容框架时，短视频创作者要明确以下内容框架的要素，将其详细记录到脚本中，如表2-1所示。

表2-1　内容框架的要素

要素	说明
内容	指具体的情节，即将主题通过各种场景进行呈现，把主题拆分成单独的情节，使其能用单个镜头展现
运镜和景别	运镜是指镜头的运动方式，包括推镜头、拉镜头、摇镜头、移镜头等；景别是被摄主体在画面中呈现出的范围大小的区别，如远景、中景、近景等
时长	指单个镜头的时长。短视频创作者在撰写脚本时，要根据短视频的整体时间、故事主题、主要矛盾冲突等因素来确定每个镜头的时长，以便于后期剪辑
人物	明确人物的数量、每个人物的人物设定和作用
背景音乐	背景音乐要符合画面氛围和主题，提升内容感染力

3. 填充内容细节

短视频内容质量的好坏很多时候体现在一些小细节上，细节的作用就是增强用户的代入感，调动用户的情绪，使短视频内容更有感染力。填充短视频脚本的内容细节主要体现在以下几个方面。

（1）机位选择

机位是拍摄设备相对于被摄主体的空间位置，如正拍、侧拍、俯拍、仰拍等，不同的机位展现的效果是截然不同的。

（2）台词

台词可以更好地表达镜头和画面，起到画龙点睛的作用，能够增强人物设定，推进剧情。台词应精练，恰到好处地表达内容主题即可。一般来说，1分钟左右的短视频的台词最好不超过180个字。

（3）影调运用

影调是指画面的明暗层次、虚实对比和色彩的色相明暗等之间的关系。影调要根据短视频的主题、内容类型、事件、人物和风格来确定和运用，并考虑好画面运动或镜头衔接时的细微变化。

（4）道具

道具不仅可以助推剧情发展，还有助于优化短视频内容的呈现效果。道具会影响短视频平台对视频质量的判断，选择合适的道具能在很大程度上提高短视频的流量并获得更多用户的点赞和互动。例如，一些怀旧主题的短视频会放置大量具有年代感的道具，如黑白电视、搪瓷盆等，将用户带入怀旧情绪中。

2.3.4　撰写短视频脚本的要点

为了增加短视频的吸引力，短视频创作者可以按照以下几个要点来撰写脚本。

1. 在开头设置吸引点

短视频需要在一开始就吸引用户的注意力，所以要在开头设置一个可以吸引用户的点，可以是画面效果、人物动作、特效或音效等。只要在开头吸引住用户，短视频创作者只需在后面的内容中适当加入一些亮点或设置反转，基本上就可以吸引用户把整个短视频看完。

2. 故事情节简单易懂

对剧情类短视频来说，其故事情节不要太复杂，最好不要让用户太费脑筋思考，同时要将故事情节的逻辑简单明了地呈现出来，否则用户很有可能因为无法理解故事情节而放弃观看。

3. 景别设计以近景为主

由于短视频画面大部分是竖屏形式，所以短视频拍摄过程中近景用得比较多，脚本中要有所体现。

4. 控制短视频时长

一般来说，短视频的时长在1分钟之内，尽管目前短视频放开时长限制，但1分钟之内的时长仍是主流。因此，短视频创作者在撰写短视频脚本时要控制好时长，以30秒到1分钟为宜，然后在此基础上分配每个分镜头的时长。

5. 设置关键词联想画面

短视频脚本中可以设置一些关键词，让演员从关键词中联想出短视频的画面。例如，关键词"后悔"可以让演员联想经典影视剧中悔恨交加的画面，这时演员可以进行模仿，在短视频画面中表现出来。

6. 使用短视频结构模式

随着短视频行业的发展，短视频内容逐渐发展出一套成熟的结构模式，短视频创作者在撰写短视频脚本时可以套用以下结构模式，并根据内容定位进行适当调整，如表2-2所示。

表2-2 短视频结构模式

内容类型	结构模式	说明
搞笑类	熟悉的场景+反转+反转	一般反转的次数超过两次才能吸引用户反复观看
励志类	故事情景+金句亮点+总结	短视频的画面和背景音乐都要有一定的感染力,内容符合普通用户的价值观
知识技能类	提出问题+解决方案+总结	开头抛出一个问题,再提出解决的办法,并输出详细的干货内容,最后总结案例
"种草"类	引出商品+介绍亮点1+介绍亮点2+介绍亮点3+总结	通过剧情引出商品,由达人展示商品亮点,突出商品的适用场景和非适用场景,最后展示商品的购买链接或品牌名称

2.4 短视频制作流程

短视频制作流程主要包括短视频制作的前期准备、拍摄、剪辑及发布。熟悉了解短视频的制作流程,才能更从容不迫地安排短视频制作的各个环节,提高工作效率。

╲ 2.4.1 短视频制作的前期准备

短视频制作的前期准备主要包括组建短视频创作团队、配置拍摄器材、撰写和确定脚本、准备资金,以及落实拍摄工作。

资金是短视频拍摄的物质基础。在拍摄短视频前,短视频创作团队需要根据团队规模、各种器材和道具、拍摄时间和难度,以及剪辑过程等预估并获得尽可能多的资金。

等资金到位后,短视频创作团队就可以落实各项拍摄准备工作。例如,编导根据脚本对短视频的故事情节、场景安排、道具灯光和镜头设计等进行策划,撰写好拍摄使用的脚本;安排好演员、服装道具、场景灯光、食宿交通和拍摄日程等事宜,制订一个详细的拍摄工作计划。

╲ 2.4.2 短视频的拍摄

在做好前期工作之后,短视频创作团队就可以按照已经制订好的拍摄工作计划,运用拍摄设备进行有序的拍摄,得到原始的短视频素材。在拍摄短视频时,短视频创作团队要选择合适的拍摄设备,确定表现手法和拍摄场景,用合适的机位、灯光布局和收音系统保证拍摄工作的有序进行。

拍摄阶段的主要工作人员有编导、摄像师和演员。编导负责安排和引导演员、摄像师的工作,并处理和控制拍摄现场的各项工作。摄像师负责根据编导和脚本的安排,拍摄好每一个镜头。演员在编导的指导下完成脚本上设计的所有表演。在拍摄过程中,灯光、道具和录音等方面的工作人员也要全力做好配合工作。

╲ 2.4.3 短视频的粗剪

粗剪就是观看所有整理好的短视频素材,从中挑选出符合脚本要求,且画质清晰、精美的短视频素材，按照脚本中的顺序重新组接，使画面连贯、有逻辑，形成第一稿影片。

在粗剪之前，短视频创作者要先将拍摄阶段拍摄的所有短视频素材进行整理和编辑，按照时间顺序或剧情顺序进行排序，甚至将所有短视频素材编号归类，然后熟悉短视频脚本，了解脚本对各种镜头和画面效果的要求，按照整理好的短视频素材安排剪辑工作流程，注明工作重点。

↘ 2.4.4 短视频的精剪

精剪是对短视频节奏及氛围等方面做精细调整，对短视频做减法和乘法。减法是在不影响剧情的情况下，修剪掉拖沓冗长的段落，让短视频更加紧凑；乘法是使短视频的情绪氛围及主题得到进一步升华。

在精剪过程中，剪辑师还要对短视频画面进行调色，以及添加滤镜、特效及转场效果等，以增强短视频画面的吸引力，突出内容主题。

↘ 2.4.5 短视频的包装

短视频的包装是指为短视频添加背景音乐、字幕、片头和片尾等内容，使整个短视频的内容更加丰富。

1. 添加背景音乐

背景音乐是影响短视频关注度高低的一个重要因素，合适的背景音乐可以为整个短视频的节奏与氛围增添光彩，增强感染力。选择的背景音乐要符合短视频的内容主题和整体节奏，可以与短视频画面产生互动，但不能喧宾夺主，一般来说纯音乐更为合适。

2. 添加字幕

字幕可以帮助用户理解短视频的内容，同时字幕的不同设计还可以更好地展现短视频的风格。例如，搞笑类短视频的字幕通常会配合音效使用比较特别、另类的字体，突出搞怪、夸张等特色。

3. 添加片头和片尾

片头和片尾是短视频中承上启下的桥梁和纽带。片头是短视频开场的序幕，片尾是短视频的尾声。片头和片尾是短视频中不可或缺的有机组成部分，它们既互相区别，又互相联系。片头通常以引出短视频的主题开始，把用户带进故事；片尾则以回顾、渲染短视频主题结束，回应片头，引发用户的思考。因此，短视频的片头和片尾要体现出变化。

↘ 2.4.6 短视频的发布

短视频在制作完成之后，就要进行发布。在发布阶段，短视频创作者要做的主要工作包括选择合适的发布渠道、渠道短视频数据监控和渠道发布优化，具体工作如图2-7所示。只有做好这些工作，短视频才能在最短的时间内打入新媒体营销市场，迅速地吸引用户，进而获得知名度。

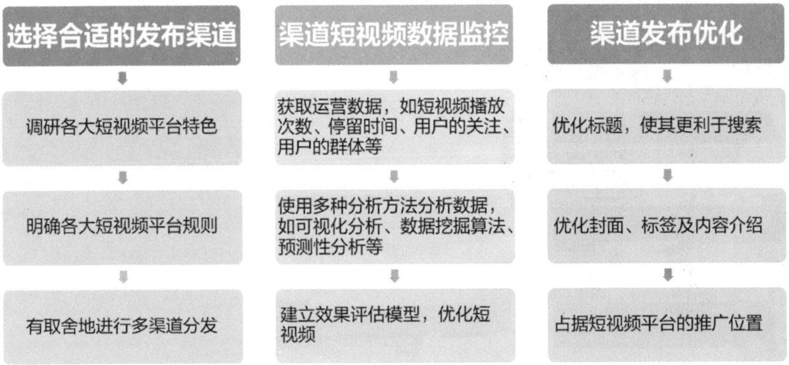

选择合适的发布渠道	渠道短视频数据监控	渠道发布优化
调研各大短视频平台特色	获取运营数据，如短视频播放次数、停留时间、用户的关注、用户的群体等	优化标题，使其更利于搜索
明确各大短视频平台规则	使用多种分析方法分析数据，如可视化分析、数据挖掘算法、预测性分析等	优化封面、标签及内容介绍
有取舍地进行多渠道分发	建立效果评估模型，优化短视频	占据短视频平台的推广位置

图2-7 发布阶段的主要工作

课后练习

1. 简述短视频创作团队的成员及其职责。
2. 简述短视频脚本的类型。
3. 简述短视频的制作流程。

第3章 短视频制作的基本技能

学习目标

- 了解短视频镜头语言。
- 掌握常用运镜手法。
- 掌握短视频画面构图。
- 了解短视频后期制作的原则。

技能目标

- 能够采用不同的景别、镜头角度拍摄短视频。
- 能够使用不同的运镜手法拍摄短视频。
- 能够根据拍摄内容对短视频画面进行合理构图。

素养目标

- 提高审美能力，不断推出蕴含时代精神的短视频。

　　在了解短视频的策划与制作流程之后，短视频创作者在拍摄与剪辑过程中还要掌握短视频制作的基本技能，这是将前期设想转变为实际成果的关键环节。本章将详细介绍短视频镜头语言、常用运镜手法、短视频画面构图、短视频后期制作的原则等短视频制作需要的基本技能。

3.1　短视频镜头语言

镜头语言是指使用镜头像语言一样去表达拍摄者的意思。用户通常可经由拍摄设备所拍摄出来的画面来感受拍摄者透过镜头所要表达的内容。

3.1.1　景别

景别是指由于拍摄设备与被摄主体的距离不同，而造成被摄主体在画面中所呈现出的范围大小的区别。采用多种景别拍摄的短视频可以让用户从不同的视角来观看，有身临其境之感，并根据被摄主体和画面的变化感受镜头要表达的内容。因此，拍摄者要根据短视频内容的需要来选择恰当的景别，在短视频中塑造鲜明、生动的形象。

景别主要有远景、全景、中景、中近景、近景和特写6种类型。

1. 远景

远景是指拍摄远距离的人物和景物，表现广阔深远的画面。远景又可以细分为大远景和远景。

大远景通常拍摄空间景物，如遥远的风景、小如尘埃的人物或不出现人物，表现范围和广度，交代空间关系，多用于片头或片尾，如图3-1所示。

远景的拍摄距离稍微近一些，被摄主体的高度比大远景中的高度有所增加，但也不超过画面高度的一半，只是隐约分辨其轮廓，看不清楚细节，更强调空间的具体感和被摄主体在空间中的位置感，并交代被摄主体与空间之间的关系，实现借景抒情的效果，如图3-2所示。

图3-1　大远景

图3-2　远景

2. 全景

全景是指拍摄景物全貌或人物全身形象的画面，体现景物和人物形象的完整性，具有描述性、客观性的特点，多用于塑造人物形象和交代空间，如图3-3所示。与远景相比，全景更能全面阐释人物与空间之间的密切关系，展示出人物的行为动作、表情相貌，也可以在某种程度上表现人物的内心活动。若是在室内拍摄短视频，全景是最主要的景别。

在使用全景时，画面中人物的头、脚要显示完整，头部以上要留有一定的空间，人物不要与画面保持同一高度，并且头部以上留出的空间要比脚下的空间更大一些。

3. 中景

中景是指拍摄人物膝盖以上部分或局部景物的画面，如图3-4所示。中景既照顾人物的表情，又交代人物活动的空间，是叙事功能最强的一种景别。

与全景相比，中景包容景物的范围有所缩小，景物处于次要地位，重点在于表现人物的上身动作。短视频中表现人物身份、动作及动作的目的、多人之间的人物关系，以及包含对话、动作和情绪交流的画面都可以使用中景。

图3-3　全景　　　　　　　　　　　　　　图3-4　中景

4. 中近景

中近景的取景范围介于中景和近景之间，用于表现人物腰部以上的画面，如图3-5所示。中近景有利于展示人物的上半身，尤其是头部动作和面部神情，可以更好地拉近人物与用户之间的视觉和心理距离，增强现场感、亲切感和交流感。

5. 近景

近景是指拍摄人物胸部以上的画面，着重表现人物的面部表情，传达人物的内心想法，是刻画人物性格最有力的景别，如图3-6所示。近景的画面内容趋于单一，被摄主体占据绝大部分画面，人物表情展示得很清楚，背景与空间特征不明显。

近景画面中人物的面部表情表现得十分清楚，如果有瑕疵，就会被放大，所以在拍摄近景画面时要进行更细致的造型，对化妆、服装和道具有更高的要求。

图3-5　中近景　　　　　　　　　　　　　图3-6　近景

6. 特写

特写的取景范围为肩部或颈部以上的人物面部或景物的某个局部，视距较近，如

图3-7所示。在特写镜头中，被摄主体充满画面，比近景更接近用户，具有强调和展现人物丰富的内心世界的作用。一些特写镜头还具有某种象征意义，用于体现被摄主体的重要性。特写还可以使被摄主体从周围的空间中独立出来，割裂局部与整体的关系，调动用户的想象，制造悬念。

此外，还有大特写，用整个画面表现人物面部或景物的局部，如一双眼睛、一个拳头、转动的钟表或行走的脚步等，主要表现人物的表情细节、动作细节等，具有比特写更强的视觉冲击力和感染力，能给用户留下更深刻的印象，具有提醒、暗示、强调的作用，如图3-8所示。

图3-7 特写

图3-8 大特写

3.1.2 镜头角度

镜头角度是指在拍摄时摄影机与被摄主体所构成的几何角度。根据不同的分类标准，镜头角度可以分为不同的类型。

1. 拍摄高度

按照拍摄高度来划分，镜头角度分为平视镜头、仰视镜头、俯视镜头和混合镜头。

● 平视镜头：镜头与被摄主体处于同一水平线上，以平视的角度来进行拍摄，所拍画面符合用户通常的观察习惯，具有平稳的效果，是一种纪实角度。平拍不易产生变形，比较适合拍摄人物近景或特写。不过，平拍时前后景物容易重叠遮挡，所以不利于表现空间的透视感、纵深感和层次感。

● 仰视镜头：镜头偏向水平线下方进行拍摄，拍摄的角度在被摄主体的下方。在仰拍镜头下，前景升高，后景降低，有时后景被前景所遮挡，以致看不到后景，使画面变得简洁。

仰视角度越大，被摄主体的变形效果就越夸张，带来的视觉冲击力也就越强。如果想增强这种视觉效果，还可以使用广角镜头进行拍摄。仰视镜头还可以用来刻画成功人士或强有力的人物形象。当仰拍跳跃起来的被摄主体时，可以增强腾空飞跃的效果。

● 俯视镜头：镜头高于水平线，拍摄的角度在被摄主体的上方，拍摄者以一个较高的角度从上往下拍摄画面。在俯视镜头下，离镜头近的景物降低，离镜头远的景物升高，从而展现出开阔的视野，增加了空间的深度。俯拍会压缩垂直线条，使人物显得渺小，可以传达怜悯和同情之感。俯拍还有向下倾轧之势，可以营造沉闷、压抑的氛围。

俯视镜头的一个特殊形式为顶拍，即镜头从空中向下大俯角拍摄，或者利用无人机

25

航拍地面。顶拍具有极强的视觉表现力，能够使用户鸟瞰景物的全貌，享受翱翔在景物之上的视觉快感。

● **混合镜头**：混合镜头一般是仰视镜头和俯视镜头的结合运用，表现交流者双方高度的差别，或者表现对抗双方力量上的差别，增强剧情上的紧张感。

2. 拍摄方位

拍摄方位是指镜头与被摄主体在水平面上的相对位置，包括正面拍摄、侧面拍摄、斜/背侧面拍摄、背面拍摄，如图3-9所示。不同的拍摄方位具有不同的叙事效果，需要拍摄者根据拍摄任务来合理地进行选择。

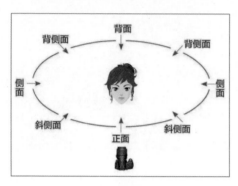

图3-9 拍摄方位

● **正面拍摄**：利用镜头在被摄主体的正前方进行拍摄，用户看到的是被摄主体的正面形象，有利于表现被摄主体的正面特征，适合表现人物完整的面部特征和表情动作，有利于被摄主体与用户的交流，使用户产生亲切感。当被摄主体是景物时，有利于表现景物的横向线条，渲染出庄重、稳定、严肃的气氛。但是，正面拍摄会使用户的视线无法向纵深方向延伸，以致缺乏纵深感和层次感，也不利于表现运动中的被摄主体。

● **侧面拍摄**：侧面拍摄是指镜头的拍摄方向与被摄主体的正面方向呈90°角，这种方向有利于表现人物正侧面的轮廓线条和身体姿态，表现人物之间的交流、冲突和对抗，强调交流过程中双方的神情，并兼顾双方的活动及平等关系。

● **斜/背侧面拍摄**：斜侧面拍摄是指镜头的拍摄方向与被摄主体的正面方向约呈45°角；背侧面拍摄是指镜头的拍摄方向与被摄主体的背面方向约呈45°角。从斜侧面或背侧面拍摄人物，可以突出表现人物的主要特征。在多人场景中，从斜/背侧面拍摄有利于被摄主体、陪体的安排和主次关系的区分，以突出被摄主体。从斜/背侧面拍摄景物，有利于表现景物的立体感与空间感，使景物产生明显的形体变化。

● **背面拍摄**：背面拍摄是指镜头在被摄主体的正后方进行拍摄，使用户产生与被摄主体同一视线的主观效果。背面拍摄可以使用户产生参与感，使被摄主体的前方成为画面的重心。很多表现现场的视频画面经常采用背面拍摄，给用户以强烈的现场感。由于采用背面拍摄时用户不能直接看到被摄主体的面部表情，只能通过肢体语言来猜测其内心世界，所以能够产生思考和联想的空间，能够引起用户的好奇心和兴趣。

↘ 3.1.3 光线的运用

在室内拍摄短视频需要使用灯光，这时要注意光度、光位、光质、光型、光比和光色等要素。

1. 光度

光度是光源发光强度、光线在物体表面的照度，以及物体表面呈现亮度的总称。光源发光强度和照射距离影响照度，照度大小和物体表面色泽影响亮度。光度与曝光直接相关，在拍摄短视频时，把握好光度与准确曝光才能主动地控制被摄主体的影调、色彩及反差效果。

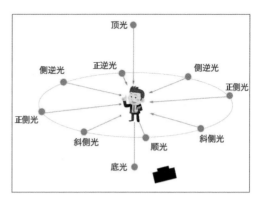

图3-10 光位

2. 光位

光位指光源相对于被摄主体的位置，即光线的方向与角度。同一被摄主体在不同的光位下会产生不同的明暗造型效果。光位主要有顺光、侧光、逆光、顶光与底光等，如图3-10所示。

● 顺光：又称正面光或前光，它能使被摄主体表面受光均匀，暗调少，看不到由明到暗的影调变化和明暗反差。顺光可以使画面充满均匀的光亮，影调柔和，真实再现被摄主体的色彩，适合拍摄明快、清雅的画面，但其不足之处在于不利于表现立体感和质感，不能突出被摄主体的重点和主次顺序，缺乏光影和影调变化。

● 侧光：分为正侧光和斜侧光。正侧光的光源投射方向与镜头拍摄方向约呈90°角。如果采用正侧光照射人物，而又没有其他光线辅助照明，就会出现"阴阳脸"现象，即受光的一面全亮、背光的一面全黑，这样可以增加戏剧效果，常用于刻画人物的双重性格或生存状态。斜侧光为45°方位的正侧光，是较常用的光位。刻画人物脸部特征及表情时，理想光线就是使被摄主体大面积受光，即得到2/3明亮、1/3阴影的光照效果。

● 逆光：分为正逆光和侧逆光。正逆光的光源位于被摄主体的正后方，光源、被摄主体和镜头几乎在一条直线上。侧逆光的光源位于被摄主体的侧后方，与镜头方向约呈135°角。逆光常用于表现剪影艺术效果，能够获得造型优美、轮廓清晰、影调丰富、质感突出且生动活泼的画面效果。

● 顶光：指从被摄主体的顶部投射下来的光线，会使人物的头顶、前额、鼻尖等部位较亮，而眼窝、嘴巴等部位较暗，表现人物特殊的精神面貌，如憔悴、缺少活力等状态。

● 底光：指从被摄主体的底部或下方投射的光线，会把人物的下巴、鼻下等部位充分照亮，丑化人物形象，也可以填补其他光线在被摄主体底部或下方形成的阴影，多用于烘托神秘、古怪的气氛。

3. 光质

光质是指光线聚、散、软、硬的性质。

聚光的特点是来自一种明显的方向，产生的阴影明晰而浓重；散光的特点是来自若干个方向，产生的阴影柔和而不明晰。

光的软硬程度取决于若干因素，光束狭窄的比光束宽广的通常要硬一些。在硬光的照明下，被摄主体上有受光面、背光面和影子，可以形成明暗对比强烈的效果，适合表现被摄主体粗糙表面的质感，这样的造型效果可以使被摄主体形成清晰的轮廓形态。软光照明由于光质柔和，所以被摄主体没有明显的受光面、背光面和影子，反差柔和，对立体感和质感的表达较弱，适合表现被摄主体光滑表面的质感。在软光的照明下，被摄主体的色彩、明暗结构显得十分重要。

4. 光型

光型是指各种光线在拍摄短视频时的作用，分为主光、副光、轮廓光、修饰光、效果光和环境光。

● 主光：这是刻画人物和表现环境的主要光线，不管方向如何，都要在各种光线中占据主导地位。主光是拍摄者在处理照明光线时首先要考虑的光线，在确定主光之后，也就决定了画面光效和气氛。一般来说，顺光、侧光和逆光均可用作主光，拍摄者要根据被摄主体的轮廓、质感、立体感和画面明暗影调的表现需要做出选择。

● 副光：又称辅助光，一般是无阴影的软光，用于补充主光照明，减弱主光生硬、粗糙的阴影，降低受光面和背光面的反差，从而产生细腻、丰富的中间层次和质感。副光一般放在摄影机的左、右两侧，亮度低于主光，辅助照明被摄主体。副光的亮度如果超过主光或与主光一样，就会破坏主光的造型效果，导致被摄主体的表面出现双影，缺乏立体感。

● 轮廓光：一般采用直射光，从侧逆光或正逆光方向照射被摄主体，形成明亮的边缘和轮廓形状。当被摄主体与背景的影调重叠时，如被摄主体较暗，背景也较暗，轮廓光可以分离被摄主体和背景，增加画面的层次和纵深感。一般来说，轮廓光是画面中最亮的光，但要避免其照射到镜头上出现眩光，影响视频画面的质量。

● 修饰光：又称装饰光，主要用来对被摄主体的某些局部细节进行加工和润色，提高画面亮度的反差，使造型、影调层次和色彩变得更完美。一般用小灯，位置灵活多变，在使用时要与画面整体协调，不要影响主光的光效，破坏画面的整体氛围。

● 效果光：指可以造成某种特殊效果的光，如烛光、车灯光、火光、水面反射光等。自然界也存在效果光，如特殊时间的光效和特定空间的光效。特殊时间的光效有夜景、日出、日落、黄昏等，特定空间的光效有昏暗的山洞、阴暗的地下室等。合理使用效果光可以创造更生动、自然和真实的画面造型，增强造型的表现力，创造特定的艺术氛围。

● 环境光：又称背景光，是照亮被摄主体周围环境和背景的光线，可以消除被摄主体在周围环境和背景上的投影，使被摄主体与背景分开，营造环境氛围和背景深度，并在一定程度上融合各种光线，形成统一的画面基调。暗背景会让画面显得肃穆、沉静和阴郁，亮背景会让画面显得平和、明朗和轻松。

5. 光比

光比是指被摄主体主要部位的亮部与暗部的受光量差别，即主光与副光的差别。一般来说，主光与副光的光比约为3∶1。光比影响画面的明暗反差、细部层次和色彩再现。光比大，反差就大，有利于表现"硬"的效果；光比小，反差就小，有利于表现"柔"的效果。

6. 光色

光色是指光的颜色或色光成分，通常将光色称为色温，它决定了光的冷暖感，可以激发用户产生许多情感上的联想。

↘ 3.1.4 固定镜头

固定镜头是指在拍摄一个镜头的过程中，摄影机的机位、镜头光轴和焦距都固定不变，而被摄主体既可以是动态的，也可以是静态的。

固定镜头拍摄的画面一般有一个相对稳定的边框，可以突出画面中的被摄主体，并提供一些关键信息，展示细节。固定镜头可以介绍环境，清晰还原拍摄现场的环境，交代人物与环境之间的关系。不过固定镜头的视角单一，构图缺乏变化，难以呈现曲折的环境，要提升短视频的质量，还需要与其他镜头配合使用。

在拍摄固定镜头时，拍摄者要注意以下几点。

1. 突出动静对比

在固定镜头中，动静对比是一种重要的表现手法，一般是被摄主体在动，而陪体不动。例如，在拍摄雪景时，被摄主体是雪花，整个画面中只有雪花在运动，用户就会将视觉焦点集中在雪花上。

2. 充分展现空间感

在运用固定镜头拍摄时，拍摄者要充分展现纵深，使画面包含前景、中景和背景3个层次。一般来说，画面要重点突出中景，前景和背景被虚化，清晰地展现前后关系，给人一种层次递进的感觉。

3. 准备固定装置

固定镜头对画面的稳定性有较高的要求，因此拍摄者要为拍摄设备准备好固定装置，如三脚架、稳定器等。

4. 注意补光

拍摄短视频时，拍摄者要保证被摄主体在画面中能清晰呈现，所以在室内拍摄固定镜头时，最好使用补光灯进行人工补光，以保证光线充足。

5. 注重构图

与运动镜头比，固定镜头在构图上的要求更高，要讲究艺术性、可视性，注意景别，做到画面中心内容和被摄主体突出。拍摄者要利用光线、色彩、影调、线条、形状等各种造型手段美化画面。

6. 记录完整

拍摄者在使用固定镜头表现横向运动或对角线运动的被摄主体时，要在被摄主体入画前就按下拍摄按钮，等到被摄主体出画后再结束拍摄，以完整记录被摄主体入画、行进、出画的全过程，使内容更加连贯。

↘ 3.1.5 运动镜头

运动镜头又称运镜，指通过摄影机的机位、焦距和镜头光轴的运动，在不中断拍摄的情况下形成视角、场景环境、画面构图、被摄主体的变化。运动镜头可以增强视频画面的动感，扩大镜头的视野，影响视频的速度和节奏，赋予视频画面独特的感情色彩。

一个运动镜头由起幅、运动和落幅3个部分构成。镜头的运动会在下一节详细讲解，下面简要介绍起幅和落幅。

1. 起幅

起幅是指一个运动镜头在正式运动前静止的画面。起幅要求构图讲究，有适当的长度。如果有表演的画面，应让用户看清人物的动作；如果没有表演的画面，应让用户看清场景。起幅的具体长度要视情节内容或创作意图而定。当由起幅画面转为运动画面时，要自然流畅。

2. 落幅

落幅是指一个运动镜头在运动结束时的画面。落幅要求由运动画面转为固定画面时能够保持平稳、自然、准确，恰到好处地按照事先设计好的场景环境或被摄主体的位置停稳画面。如果结尾有表演画面，人物的动作不能过早结束，当画面停稳之后要有适当的长度使表演告一段落。

3.1.6 主观镜头与客观镜头

主观镜头和客观镜头是短视频拍摄中常用的镜头类型。主观镜头大多出现在剧情类、旅行类短视频中，而客观镜头的运用就广泛得多。

主观镜头是表示短视频中人物视角的镜头，当人物扫视某一个场景，或者在某一个场景中走动时，摄影机镜头代表人物的双眼，显示人物所看到的场景。主观镜头代表了人物对其他人物或事物的主观印象，主观色彩强烈，可以增加用户的代入感，使其产生身临其境的效果，进而使用户与短视频中的人物进行情绪交流，获得共同的感受。

客观镜头又称中立镜头，它不是以剧情中人物的视角来观察场景，而是直接模拟摄像师或用户的眼睛，从旁观者的角度纯粹、客观地描述人物活动和情节发展。在拍摄客观镜头时，拍摄者要保证不让被摄主体直视镜头，否则很容易破坏用户在观看时"局外旁观者"的感觉。

3.2 常用运镜手法

常用的运镜手法主要有推拉运镜、横移运镜、升降运镜、摇移运镜、跟随运镜、甩动运镜、环绕运镜、移动变焦运镜等。

3.2.1 推拉运镜

推拉运镜是拍摄中运用最多的运镜手法，分为推镜头和拉镜头。

1. 推镜头

推镜头是从较大的场景逐渐转换为局部特写的场景，被摄主体从小变大，如图3-11所示。被摄主体决定了推镜头的推进方向，所以镜头在推进的过程中，画面构图要始终保持被摄主体在画面结构中心的位置。

推镜头可以突出被摄主体，使用户的视觉注意力相对集中，增强视觉感受。推镜头符合实际生活中由远及近、从整体到局部、由全貌到细节观察事物的过程，所以镜头的说服力很强。

推镜头的推进速度可以影响和调整画面的节奏，从而产生外化的情绪力量。缓慢、平稳地推进可以营造出安宁、幽静、平和、神秘等氛围；急剧、短促地推进可以表现出紧张、不安、激动、愤怒等情绪，尤其是急推，画面急剧变动后迅速停止，被摄主体快速变大，画面的视觉冲击力大，可以产生震惊和醒目的效果。

图3-11　推镜头

2. 拉镜头

拉镜头是从较小的场景逐渐转换为较大的场景，画面由近及远，被摄主体从大变小，如图3-12所示。

图3-12　拉镜头

拉镜头让被摄主体与用户的距离越来越远，人物表情和细微的动作变得不再清晰，把被摄主体重新纳入特定的场景，提醒用户注意被摄主体所处的场景，以及被摄主体与场景之间的关系变化等。

拉镜头表现画面的扩展，反衬出被摄主体的远离和缩小，在视觉感受上会产生一种退出感和谢幕感，所以适合在某一画面的结尾使用。

↘ 3.2.2　横移运镜

横移运镜与推拉运镜相似，只是运动轨迹不同，推拉运镜是前后运动，横移运镜是左右运动，如图3-13所示。横移运镜具有完整、流畅、富于变化的特点，能够开拓画面，适合表现大场面、大纵深、多景物、多层次的复杂场景，展现各种运动条件下被摄主体的视觉艺术效果，让用户产生身临其境之感。

图3-13　横移运镜

↘ 3.2.3　升降运镜

升降运镜是摄影机借助升降装置一边升降一边拍摄的方式，升降运镜带来了画面范围的扩展和收缩，形成了多角度、多方位的构图效果。

升降运镜分为升镜头和降镜头。升镜头是指镜头向上移动形成俯角拍摄，以显示广阔的空间，如图3-14所示；降镜头是指镜头向下移动进行拍摄，多用于拍摄大场面，以营造气势，如图3-15所示。

图3-14　升镜头

图3-15　降镜头

↘ 3.2.4　摇移运镜

摇移运镜是指摄影机本身所处位置不移动，借助摄影机的活动底盘，镜头上、下、左、右旋转拍摄，如图3-16所示。

摇移运镜分为左右摇镜头和上下摇镜头，左右摇镜头常用来表现大场面，上下摇镜头常用来表现被摄主体的高大、雄伟。

摇移运镜通过将画面向四周扩展，突破了画面框架的限制，扩大了视野，创造了视觉张力，让整个画面更加开阔，可以将用户迅速带到特定的故事氛围中。

图3-16　摇移运镜

↘ 3.2.5　跟随运镜

跟随运镜是指摄影机镜头始终跟随被摄主体，方向不定，既能突出运动中的被摄主体，又能表现被摄主体的运动方向、速度、体态与场景之间的关系，使被摄主体的运动保持连贯，有利于表现被摄主体在动态中的形态，而用户的视线在画面内跟着被摄主体走来走去，可以产生一种强烈的现场感和参与感，如图3-17所示。在拍摄跟随运镜时，拍摄者要确保与被摄主体保持相同的移动速度，同时注意脚下的安全。

图3-17　跟随运镜

3.2.6　甩动运镜

甩动运镜指摄影机通过上下或左右的快速移动或旋转来实现从一个被摄主体转向另一个被摄主体的切换，使镜头切换的过渡画面产生模糊感，多用于表现画面的急剧变化，如图3-18所示。例如，表现人物视线的快速移动或某种特殊视觉效果，使画面产生一种突然性和爆发力，也可以表现时间和空间变化的突然，让用户产生一种紧迫感。

图3-18　甩动运镜

3.2.7　环绕运镜

环绕运镜是指镜头绕着被摄主体360°环拍，操作难度比较大，在拍摄时环绕的半径和速度要保持一致，如图3-19所示。

图3-19　环绕运镜

环绕运镜可以拍摄出被摄主体周围360°的环境特点，也可以配合其他运镜方式来增强画面的视觉冲击力。

环绕运镜与其他运镜方式的结合有以下几种。

● 推镜头+环绕运镜+拉镜头：镜头从人物前侧方开始推进，当镜头到达人物的正前方时，再以180°环绕跟拍人物，直到镜头环绕至人物背后时，向后拉镜头展现人物前方的画面。

● 运动环绕+升镜头：镜头以低角度跟拍人物脚步近景，并同时环绕上升至人物上半身的中近景，通过镜头的上升和环绕不仅可以起到逐渐展示人物形象的作用，还能向用户提示和强调人物在情节中的重要性。

● 低角度前推+环绕运镜+拉镜头：人物向前行走，镜头从反方向低角度向前推进，当镜头与人物交汇时再通过环绕运镜跟拍人物，最后再向后拉镜头远离人物，带来渐入渐出的效果。

● 环绕运镜+推镜头：在全景时，镜头从人物的右侧向左侧开始由远到近推进并环绕，直至画面从全景变换到人物近景时结束，通过场景的转换逐渐将人物推向用户。

↘ 3.2.8 移动变焦运镜

移动变焦运镜是指镜头向前移动的同时进行变焦，又称滑动变焦，是在电影拍摄中很常见的一种镜头技法。移动变焦运镜的特点是镜头中的被摄主体大小不变，而背景的大小改变，如图3-20所示。

图3-20 移动变焦运镜

移动变焦运镜可以产生一种连续的透视变形效果，让背景看起来突然变大或变小，有一种扑面而来或倏然而逝的感觉，多用于营造压迫、紧张的氛围。相对静止的被摄主体和远近变化的背景之间会形成一种空间错位的观感，把被摄主体推向视觉的重心。

3.3 短视频画面构图

构图能够创造画面造型，表现节奏与韵律，是短视频作品美学空间性的直接体现，有着丰富的表现力，传达给用户的不仅是一种认识信息，同时也是一种审美情趣。

↘ 3.3.1　画面构图的形式元素

在短视频画面构图中，光线、色彩、影调、线条等元素是构成视觉形象的基础，拍摄者在拍摄短视频时要对这些元素进行综合运用，以此来表达内容。

1. 光线

光线是短视频画面构图的基础。短视频记录的是一段时间的光线变化，并非瞬间光源，自然光在不同时刻的明暗效果会在短视频画面上反映时间信息。

由于短视频拍摄用光是一个动态的变化过程，拍摄者在选择和处理光线时要随时随地考虑光线的变化对画面光影结构的影响。

2. 色彩

色彩在短视频画面构图中有着十分重要的地位，拍摄者通过控制画面色彩的构成，设计、提炼和选择搭配色彩元素，从而烘托、渲染出画面所需要的情绪基调和氛围。

色彩还可以展现人物的内心世界，在短视频中，为了典型化地提炼人物形象，概括社会生活，拍摄者会让每个人物都有自己的色彩符号，实现个性化和抽象化的结合。

运用色彩可以确定色彩基调，使画面呈现出一种色彩倾向性，而灵活运用色彩不仅可以推动情节发展，还能提炼和升华主题。

3. 影调

根据分类标准不同，影调的类型有所不同，如表3-1所示。

表3-1　影调的类型

分类标准	类型	说明
画面明暗分布不同	亮调	画面中亮的景物较多，占的面积大，给人以明朗的感觉
	暗调	画面中暗的景物较多，给人以沉闷、压抑的感觉
	中间调	明暗适中，层次丰富，接近人们日常生活中的视觉感受
画面明暗对比的强度不同	硬调	明暗差别显著，对比强烈，明暗之间的过渡很少，给人以粗犷、硬朗的感觉
	软调	又称柔和调，其画面中缺少最亮、最暗的色调，对比不强，反差小
	中间调	又称标准调，明暗兼备、层次丰富、反差适中

4. 线条

线条一般是指视频画面所表现出的明暗分界线和形象之间的连接线，不同的线条结构会在画面中给人带来不同的视觉感受，拍摄者要根据实际情况和构图的需要设计不同的线条，如水平线、垂直线、斜线、曲线等。

● **水平线**：给人以宽阔之感，主要用于拍摄大地、海洋、湖泊、草原等。

● **垂直线**：给人以高耸、刚直之感，主要用于拍摄楼群、树木、山峰等。

● **斜线**：可以突出动态效果，如果画面中存在有秩序的斜线元素，可以营造动态的韵律感。

● 曲线：曲线是一个点沿着一定的方向移动并发生变向后形成的轨迹，可以给人以柔美的感觉，使画面更加灵动。

↘ 3.3.2　画面构图的结构元素

恰当的画面构图结构可以让短视频富有表现力和艺术感染力。短视频画面构图的结构元素主要包括被摄主体、陪体和环境。

1. 被摄主体

被摄主体是指拍摄者要表现的主要对象，它既是内容表现的重点，也是短视频主题的主要载体，同时是短视频画面构图的结构中心。

在画面构图中，突出被摄主体的表现方法主要有以下几种。

● 以近景或特写呈现被摄主体，使其占据较大的面积。

● 把被摄主体安排在画面的黄金分割点位置。

● 对被摄主体进行清晰聚焦，以强烈的虚实对比突出被摄主体。

● 以色彩反差突出被摄主体。

● 使用推、拉、摇、移、跟等手法，不断变换画面中被摄主体形象，使内容情节与被摄主体保持一致。

2. 陪体

陪体是指在画面中与被摄主体有紧密联系，或者辅助被摄主体表达主题的对象。陪体的作用体现在以下几个方面。

● 增加画面的信息量，视觉语言更加准确，帮助被摄主体说明画面内容，使用户更容易理解画面中所表达的内容。

● 增加画面的层次，使画面更加生动、自然。

● 丰富影调层次，平衡色彩构成，增强空间感。

需要注意的是，陪体只能起到陪衬的作用，不能喧宾夺主，画面中的陪体和被摄主体主次分明。为了适应情节发展的需要，在场面调度中可以颠倒被摄主体和陪体的出场顺序。

3. 环境

环境是指围绕着被摄主体和陪体的环境，包括前景、后景、留白3个部分。前景是位于被摄主体之前，或者靠近镜头位置的人或物，有时也可能是陪体，但更多时候是环境的组成部分；后景是位于被摄主体之后的人或物，一般用于衬托被摄主体，可以是陪体，也可以是环境的组成部分；留白是在画面的特定位置留出一定的空白，这部分可以是颜色统一、色调明亮的景物元素，如天空、草地等。

前景、后景和留白的作用如表3-2所示。

表3-2　前景、后景和留白的作用

环境	作用
前景	突出有意义的人物或景物，帮助被摄主体表现主题，推动事件发展；有助于表现拍摄现场的氛围，增加画面的真实性；强化画面的纵深感和空间感；平衡构图、美化画面，产生形式美感；增强节奏感和韵律感，活跃气氛，强化情绪的表达

环境	作用
后景	形成与被摄主体特定的联系，增加画面要表现的内容，刻画被摄主体形象，帮助被摄主体揭示主题，推动事件发展；再现环境特征，表现环境的意境，丰富画面结构；增强画面的空间感和透视感，使画面呈现出多层次的立体造型效果
留白	可以扩大视野范围，使画面干净、清爽，给人留下一定的想象空间

3.3.3　画面构图的要求

画面构图的目的是使短视频画面具备较好的形象结构和造型效果，所以拍摄者要了解画面构图的要求。

1．突出被摄主体

短视频画面构图要遵循对比法则，将拍摄对象之间的形式元素进行对照，如明与暗、高与矮等，以突出被摄主体，使被摄主体成为视觉中心。

2．画面简洁

短视频具有一定的时间限制，无法在短时间内表现较多的内容，所以内容要简洁，拍摄时要有所取舍，挑选出最能表达主题思想的画面。

3．画面要有表现力和美感

拍摄者要根据拍摄的内容和现实条件，通过设置画面、运用光线、选择拍摄角度，以及调动影调、色彩、线条等画面构图的形式元素来创造出具有表现力和造型美感的构图方式。

4．结构均衡

均衡是获得优质构图的一个重要原则。无论是在大自然、建筑还是在绘画作品中，均衡的结构都能在视觉上产生美感。要判断画面是否均衡，可以将画面分为四等份，形成一个田字格，在田字格的四个格子中有相应的元素，而元素之间形成了均衡感。

需要注意的是，不要以为均衡就是对称。对称的画面常常给人以沉闷感，而均衡不会在视觉上引起不适。要想让短视频构图达到均衡，就要让画面中的形状、颜色和明暗区域相互补充与呼应。

5．为短视频的主题服务

在短视频作品中，画面构图无疑是其诸多表现形式中的一种形式，而短视频的主题与情节才是起到决定性作用的内容。形式必须为内容服务，短视频构图也必须为短视频的主题服务。因此，在进行短视频构图时，拍摄者应遵循主题服务原则，需要考虑以下三个方面。

● 为了表现被摄主体，要采用合适、舒服、具有美感的构图方法。

● 为了突出表现被摄主体，有时甚至可以破坏画面构图的美感，使用不规则的构图。

● 若某个构图与整个短视频作品的主题风格不符，甚至妨碍了主题思想的表达，后期制作时可以考虑将其剪掉。

6. 灵活运用构图方式

拍摄者可以通过以下几种构图方式来鲜明地表现短视频的主题，增强画面的表现力和感染力。

（1）前景构图

前景构图可以增加画面的层次，减少无用的空间，使画面更有趣、更饱满。前景构图有以下几个类型。

● 框架式构图：指在场景中利用环绕的事物突出被摄主体，这种构图方式会让画面充满神秘感，使用户产生一种窥视感，引起用户的观看兴趣，将其视线集中在框架内的被摄主体上，如图3-21所示。可以用作框架的事物有门、树枝、窗户、拱桥、镜子等。

● 延伸式构图：这种构图方式会衬托出后景的层次和深度感，在拍摄之前先寻找周围有规律的线条或元素，让被摄主体处于后景处来拍摄，如图3-22所示。一般而言，墙面、栏杆、地板、沙丘等可以当作延伸式前景。

图3-21　框架式构图　　　　　　　　图3-22　延伸式构图

（2）关键布局式构图

关键布局式构图是指将被摄主体布局在画面的关键位置，以突出被摄主体，包括中心构图、对称构图和九宫格构图。

● 中心构图：指将被摄主体放在画面的中心，使用户的视线集中，被摄主体突出，画面容易取得左右平衡的效果，但会使画面显得单调，要配合光线、焦点的变化，如图3-23所示。

● 对称构图：分为左右对称和上下对称两种类型，这种构图方式具有布局平衡、结构规整等特点，给人以稳定、安逸、和谐的感觉，如图3-24所示。

图3-23　中心构图　　　　　　　　图3-24　对称构图

● 九宫格构图：指将整个画面在横竖两个方向上各用两条直线等分成9个部分，把被摄主体放置在任意两条直线的交叉点上，凸显被摄主体的美感，使整个短视频画面显得生动形象，如图3-25所示。

图3-25　九宫格构图

（3）线条式构图

线条式构图包括对角线构图、放射线构图、曲线构图和引导线构图。

● 对角线构图：指利用对角线进行构图，把被摄主体安排在对角线上，可以有效利用画面对角线的长度，具有很强的导向性，使画面产生立体感、延伸感和动态感，如图3-26所示。

● 放射线构图：指以被摄主体为中心，向四周呈扩散放射状的构图方式，可以使用户的注意力集中到被摄主体上，使画面产生扩散、伸展和延伸的效果，常用于突出被摄主体而其他事物多且复杂的场景，如图3-27所示。

图3-26　对角线构图　　　　　　　图3-27　放射线构图

● 曲线构图：主要指的是S形构图，是指利用画面中类似于S形曲线的元素来构建画面的构图方式。S形构图可以使画面柔美，充满灵动感，产生一种意境美，尤以俯拍效果最佳，如图3-28所示。

● 引导线构图：引导线是指有方向性的、连续的、能起到引导视觉作用的线条，引导线构图可以串联画面的被摄主体与背景元素，吸引用户的注意力，完成视线转移，如图3-29所示。引导线不一定是具体的线条，可以是一条小路、一条河流、一座栈桥、两条铁轨等，只要符合一定的线性关系即可。

图3-28　曲线构图

图3-29　引导线构图

7. 遵循变化原则

前面所讲的构图原则主要是针对短视频中单个画面而言的，那么对于由许多画面组成的整个短视频的构图，则需要遵循变化原则。短视频不是相片，用户不能容忍一部构图没有任何变化的短视频作品，而变化也正是短视频的主要特征与魅力。因此，在短视频构图中，除了构图所表现的内容变化以外，构图形式的变化也是不容忽视的。

3.4　短视频后期制作的原则

短视频拍摄完成后，接下来的后期制作就是剪辑师的工作了。高水平的后期制作能够赋予视频素材深刻的含义，对塑造短视频作品的调性与效果至关重要，使短视频更具感染力和视觉冲击力。

3.4.1　视频剪辑的目的

视频剪辑的目的是将视频素材经过选择、取舍、分解和组接，最终形成一个连贯流畅、含义明确、主题鲜明且有艺术感染力的作品。

具体来说，视频剪辑的目的主要包括以下几点。

1. 为画面带来节奏和变化

一个能持续吸引用户看下去的短视频，其画面应当是一直在发生变化的。用户对其中一个画面感兴趣，同时期待下一个画面。视频剪辑是让画面持续保持变化，并在用户想看到下一个画面时画面就会出现的方法。视频剪辑能够让画面以一定节奏发生变化。

● 控制镜头时长影响节奏：镜头的时长是影响节奏的重要手段，大量使用短镜头可以加快节奏，给人以紧张的感觉；长镜头则减缓节奏，使人感到心态舒缓而平和。视频剪辑可以对每一段素材的时长进行控制，进而达到影响节奏的目的。

● 让画面不断变化：剪辑师可以根据短视频的主题调整多个画面的顺序和位置，使具有相关性但反差强烈的画面衔接在一起，画面的变化会让用户持续保持新鲜感。

● 让画面与音乐产生联系：当画面交替与音乐节奏产生联系时，自然就能够制作出有节奏感的短视频，如音乐卡点短视频。当然，画面与音乐的联系不只卡点这么简单，在不同的画面氛围下，音乐的风格和节奏也不同。音乐的选择与画面的氛围一致，可以让画面更有感染力。

2. 使画面符合用户的心理预期

要想使画面一直得到用户的关注，剪辑师就要使用剪辑技法，使画面符合用户的心理预期。首先，要剪掉那些无用的画面，只保留必要的、精彩的，能够讲明白整个短视频内容的画面，确保用户看到的每一幅画面都是精彩的，都可以帮助其理解短视频内容。

每个用户在看到一个画面后，都会对其未来的走向有一个预判，这个预判是基于基本的逻辑顺序。例如，当一个人问另一个人"你该如何解释"时，用户脑海里会出现一个给出合理解释的画面，当真的出现符合预期的画面时，故事就可以自然地进行下去，用户会更兴趣盎然地观看短视频。要想实现这个目的，就需要剪辑师来完成。

有时画面之间的逻辑顺序并不是显而易见的，因为如果整个短视频中所有画面之间都通过明显的逻辑顺序进行连接，一旦画面内容不够新奇，就很容易让用户感到审美疲劳。因此，剪辑师要善于发现画面之间的潜在联系，通过视频剪辑放大这种联系，制造出人意料的效果，引发遐想，同时不会让用户觉得突兀。

3. 对视频素材进行二次创作

即使是相同的视频素材，通过不同的剪辑方式也可以形成画面效果、风格和情感完全不同的短视频。剪辑的本质就是对画面中的人或物进行解构再重组的过程，是对视频素材的二次创作。

因此，剪辑不是一种机械式的工作，需要发挥剪辑师的主观能动性，包含着其对内容的理解与思考。剪辑可以重塑短视频，即使是一些平淡无奇的画面，通过剪辑也可以跨越空间和时间组合在一起，形成不可思议的效果，让画面更精彩，更吸引用户。

3.4.2　镜头组接原则

镜头组接是指将一个个画面组合连接起来，成为一个整体。要想做到镜头组接流畅、合理，需要遵循以下原则。

1. 镜头之间协调统一

各个镜头之间的组接要符合逻辑规律，各段落内的画面亮度和色彩影调应协调统一，画面的清晰度、情节内容等也应保持一致，否则会出现"接不上"的现象。

2. 动静有度，有缓冲因素

如果是运动镜头接固定镜头或固定镜头接运动镜头，则需要用缓冲因素来过渡。缓冲因素是指镜头中被摄主体的动静变化和运动的方向变化，或者运动镜头的起幅、落幅或动静变化等。利用缓冲因素选取剪接点，可以使该镜头与前后镜头保持运动镜头接运动镜头、固定镜头接固定镜头，使镜头的组接自然、流畅。

3. 合理确定剪接点

剪接点是指两个镜头之间的转换点，根据不同的剪辑依据，剪接点可以分为以下几类，如表3-3所示。

表3-3 剪接点的类型

类型	说明
叙事剪接点	以看清画面内容所需的时间长度为依据，要确保叙事的完整与流畅
动作剪接点	以画面的运动过程（包括人物动作、摄影机动作、景物活动等）为依据，结合实际生活规律来组接镜头，使内容和被摄主体动作的衔接自然、流畅
情绪剪接点	以心理活动和内在的情绪变化为依据，使思想或情绪的演变顺畅、自然，并进一步引发用户的共鸣
节奏剪接点	根据运动、情绪、事物发展过程的节奏，结合镜头的造型特征，通过镜头剪接点的处理来体现快、慢、动、静的对比
声音剪接点	利用音乐、音响、解说词、对白等与画面的配合来处理镜头的组接

4. 遵循轴线规律

在被摄主体的活动有多种方向时，镜头中要有一个轴线主导，以保证被摄主体方向和位置的统一。这里所说的轴线指的是被摄主体的视线方向、运动方向，以及根据不同被摄主体之间的位置关系所形成的一条假想的直线或曲线。

摄像师在拍摄短视频时，不管角度、运动多复杂，都要遵循这一规律，否则就是越轴，很容易让用户产生空间错乱的感觉。在剪辑短视频时，也要遵循轴线规律，才能符合用户的视觉感受。

例如，镜头左边的人，在下一个镜头里还应该出现在镜头左边；同样，镜头右边的人，在下一个镜头里也应该出现在镜头右边。若想安排越轴镜头，应插入过渡镜头，如天空、树木、花草等。

5. 避免"三同"镜头直接组接

在组接同一被摄主体的镜头时，前后两个镜头在景别和视角上要有明显的变化，切忌"三同"镜头（同被摄主体、同景别、同视角）直接组接，否则画面无明显变化，会出现令人反感的"跳帧"效果。

6. 合理控制每一个镜头的时长

每个镜头停滞时间的长短，首先要根据表达内容的难易程度、用户的接受能力来决定，其次要考虑构图因素。由于每个镜头中的被摄主体不同，包含在镜头中的内容也就不同。

一般来说，远景、中景等大景别的镜头包含的内容较多，需要的时间就相对长一些；近景、特写等小景别的镜头，所包含的内容较少，需要的时间可以短一些。

↘ 3.4.3 镜头转场方式的选择

转场是指场景转换或时空转换。合理使用转场镜头可以满足用户的视觉感受，保证视觉的连贯性，同时使短视频具有明确的段落变化和层次分明的效果。

镜头转场方式主要有技巧转场和无技巧转场两大类。

1. 技巧转场

技巧转场是指用一些光学技巧来完成时间的流逝和地点的变换。随着计算机和影像技术的快速发展，技巧转场的方式层出不穷，剪辑师通过剪辑工具的自带转场效果就可以实现。在短视频的剪辑中，常用的技巧转场有以下7种，如表3-4所示。

表3-4　技巧转场

类型	说明
淡入/淡出	又称渐显/渐隐，渐显是指画面从全黑中逐渐显露，直到十分清晰、明亮；渐隐是指画面由正常逐渐变得暗淡，直到完全消失
叠	又称化，指两个画面层叠在一起，前一个画面没有完全消失，后一个画面没有完全显现，两个画面有部分留存在屏幕上，呈现柔和、舒缓的表现效果
划	以线条等几何图形来改变画面的转场方式，一般是前一个镜头从某一个方向退出，新镜头从另一个方向进入
甩切	一种快闪转换镜头，让用户的视线跟随快速闪动的画面转换到另一个场景画面，会产生一种强烈的不稳定感
虚实互换	利用对焦点的选择使画面中的人物发生清晰与模糊的前后交替变化，形成人物前实后虚或前虚后实的互衬效果，使用户的注意力集中到清晰且突出的形象上，从而实现内容或场面的转换。画面由实变虚多用于结束，由虚变实多用于开始
定格	又称静帧，是对前一画面做静态处理，制造瞬间的视觉停顿效果，接着出现下一画面，定格可以起到强调的作用
多屏画面	把一个屏幕分为多个画面，使双重或多重的情节一起发展，大幅度缩短视频的时长

2. 无技巧转场

技巧转场通常带有较强的主观色彩，容易停顿，割裂短视频的内容情节，因此在短视频后期制作中使用较少。无技巧转场又称直接切换，镜头直接相连，在短视频后期制作中使用较多。

在使用无技巧转场时，多利用上下镜头在内容、造型上的内在联系来连接场景，使镜头切换自然，段落过渡流畅，无附加技巧痕迹。

在短视频后期制作中，无技巧转场主要包括以下几种。

（1）切

切，又称切换，这是运用较多的一种基本场景转换方式，也是最主要、最常用的镜头组接技巧。

（2）跳切

跳切打破了常规状态场景转换时遵循的时空和动作连续性要求，采用较大幅度的跳跃式镜头组接，可以大幅度地缩短视频时长，留下重要的部分，增强短视频的节奏感。

（3）运动转场

运动转场就是借助人、动物或其他一些交通工具作为场景或时空转换的方式。这种转场方式大多强调前后画面的内在联系，可以通过摄影机的运动来完成场景的转换，也可以通过前后镜头中人、动物或交通工具动作的相似性来转换场景。

（4）相似关联物转场

前后镜头具有相同或相似的被摄主体形象，或者其中的被摄主体形状相近、位置重合，在运动方向、速度、色彩等方面具有相似性，剪辑师就可以采用这种转场方式来达到视觉连续、转场顺畅的目的。

（5）利用特写转场

无论前一个镜头是什么，后一个镜头都可以是特写镜头。特写镜头具有强调画面细节的特点，可以暂时集中用户的注意力，所以利用特写转场可以在一定程度上弱化时空或场景转换过程中用户的视觉跳动。

（6）两极镜头转场

上下镜头的景别是两个极端，含有强调的意味，如从远景到特写、从特写到远景，对比强烈，节奏感较强。

（7）空镜头转场

空镜头转场就是利用景物镜头来过渡，实现间隔转场。景物镜头主要包括以下两类。

一类是以景为主、物为陪衬的镜头，如群山、山村全景、田野、天空等，用这类景物镜头转场既可以展示不同的地理环境、风貌，又能表现时间和季节的变化。这类景物镜头可以弥补叙述性短视频在情绪表达上的不足，为情绪表达提供空间，同时又能使高潮情绪得以缓和、平息，从而转入下一镜头。

另一类是以物为主、景为陪衬的镜头，如在镜头中飞驰而过的火车、街道上的汽车，以及室内陈设、建筑雕塑等，一般情况下，剪辑师会选择这些镜头作为转场镜头。

（8）主观镜头转场

主观镜头是指与画面中人物视觉方向相同的镜头。利用主观镜头转场，就是按照前后镜头间的逻辑关系来处理场景转换问题。例如，前一镜头中人物抬头凝望，后一镜头可能就是其所看到的场景，也可能是完全不同的人和物。

（9）声音转场

声音转场是指利用音乐、音响、解说词、对白等与画面的配合实现转场。例如，利用解说词承上启下，贯穿前后镜头，利用声音过渡的和谐性自然切换到下一镜头。

（10）遮挡镜头转场

遮挡镜头是指镜头被某个形象暂时挡住。依据遮挡方式的不同，遮挡镜头转场可以分为两类情形。

一类是被摄主体迎面而来遮挡摄影机镜头，形成暂时的黑色画面。例如，前一镜头在甲处的被摄主体迎面而来遮挡摄影机镜头，下一镜头被摄主体背离摄影机镜头而去，到达乙处。被摄主体遮挡摄影机镜头通常能够在视觉上给用户以较强的冲击，同时制造视觉悬念，加快了短视频的叙事节奏。

另一类是镜头内的前景暂时挡住镜头内的其他形象，成为覆盖镜头的唯一形象。例如，拍摄街道时，前景闪过的汽车会在某一时刻挡住其他形象。当镜头被遮挡时，一般都是镜头剪接点，通常是为了表示时间、地点的变化。

↘ 3.4.4　短视频调色原则

调色是短视频后期制作中一个十分重要的环节，可以使短视频的画面呈现出一种特别的色彩或风格，给用户一种视觉上的享受。

不管拍摄设备的性能多么优越，受到拍摄技术、拍摄环境和播放设备等多种因素的限制，最终展现出来的画面与现实中的色彩仍然存在差距，就需要调色来最大限度地还原真实的色彩。

另外，调色可以为画面添加独特的风格，将各种情绪投射到画面中，为短视频创造出独特的视觉风格，影响用户的情绪，让用户产生情感共鸣。

短视频调色要遵循以下原则。

1. 确定画面的整体基调

调色是一个整体的操作过程，不能以单一画面为主，而是整体把握画面的基调，有时尽管某个画面的色调表现得很有冲击力，但与整体风格相差太大，只能舍弃，以整体为标准。

剪辑师要确定画面的整体基调，当一个画面或连续画面出现几种不同的色调时，要始终以一种色调为标准基调，完成整体色调的统一，进而调整其他色调的细节。

2. 适当调高对比度和饱和度

一般原始素材的画面饱和度呈中性偏低，这就给后期调色留出余地，后期调整对比度和饱和度，可以降低中间灰度的量值，增加画面的通透性，但对比度不能调得太高，以免使暗部细节丢失，或者高光溢出。饱和度太高容易造成各种色彩的串扰，导致画面失真，影响用户的视觉感受。

3. 利用色彩的主观作用

色彩的主观作用主要体现在色彩对用户的情感起到影响视觉的作用，不同色彩由视觉传输至大脑，不仅能表现远近、冷暖、轻重、阴晴等诸多视觉效果，还能够产生忧郁、轻松、兴奋、紧张、安定、烦躁等不同的情绪。

一般来说，暖色调会使画面表现出厚重、可靠、饱满、沉稳的视觉效果，而冷色调则表现出安静、空荡、遥远、清灵的视觉效果。剪辑师在调色时，要根据短视频的风格采用恰当的冷暖色调，甚至通过冷暖色调的反差和对比，进一步强化主观的视觉感受，使用户潜移默化地受到视频色调的影响，从而使短视频思想有效传达。

4. 根据内容选择调色风格

剪辑师在调色时，要根据短视频的内容来确定使用何种调色风格。不同短视频内容适用的调色风格如表3-5所示。

表3-5　调色风格

调色风格类型	说明	适合的短视频类型
微电影	色彩对比强烈，色调亮暖暗冷	剧情类
大片效果	使用冷暖对比为主，利用互补色让画面更吸引用户。一般高光部分和人物肤色为暖色调，阴影部分为冷色调	剧情类、"种草"类
小清新	整体色彩饱和度较低，画面色调偏暖、偏绿	各种类型
青橙	整体色彩以青色和橙色为主，色调偏冷，两种色彩形成强烈对比，使画面更有视觉冲击力	旅行类

续表

调色风格类型	说明	适合的短视频类型
黑金	色彩以黑色和金色为主，通常可以将画面设置成黑白色，保留黑色部分，将白色部分转变为金色	表现街景、夜景
怀旧复古	色彩饱和度较低，画面色调较暗，通常阴影偏青、偏绿或偏中性色，而高光偏黄色	剧情类、有怀旧风格的短视频
时尚	色调厚重、浓郁，色彩以灰色、深蓝色、黑色为主	美妆类、穿搭类
甜美	通常会在纯色中加白色作为主色调，画面较亮，对比度和清晰度相对较低，主色调高饱和度、高亮度，偏暖色	美食类、美妆类

↘ 3.4.5 短视频字幕设计原则

制作短视频字幕的方式比较简单，一般在需要添加字幕的画面中输入对应的文本即可，很多短视频剪辑软件也具备自动识别并添加字幕的功能。在设计和添加短视频字幕时，剪辑师要遵循以下原则。

1. 字幕要准确

字幕的准确性能够反映短视频制作的品质。制作精良的短视频字幕会力求准确，避免出现错别字和语句不通顺等问题，错误的字幕会对用户造成误导，产生负面影响。

2. 字幕位置要合理

短视频的标题和账号名称一般会显示在画面的左下角，字幕要避开这个位置，否则会被标题和账号名称遮挡。字幕一般要设置在画面上部四分之一处。

3. 字幕要突出显示

当采用白色或黑色的纯色字幕时，字幕很容易与画面重合，影响观看，此时剪辑师可以采用添加描边的方式来突出字幕。

↘ 3.4.6 背景音乐的选择

短视频的背景音乐除了配合画面内容的发展之外，也是短视频内容的重要表现形式。剪辑师为短视频选择背景音乐时，要注意音乐的节奏感、音乐类型、音乐歌词是否与内容表达一致。

具体来说，选择背景音乐主要有以下3个原则。

1. 适合短视频的情绪基调

剪辑师要先根据内容主题确定短视频的情绪基调，然后选择与短视频情绪基调吻合度高的背景音乐，这样可以增强画面的感染力，使用户产生更多的代入感。

2. 与画面产生互动

一般来说，背景音乐和画面的节奏越匹配，短视频就越具有观赏性。因此，剪辑师在选择背景音乐时要注意音乐的节奏，要让背景音乐和画面产生互动。

3. 切忌喧宾夺主

在短视频中，画面才是主要部分，背景音乐只是起辅助作用，不能喧宾夺主，要让用户在背景音乐的播放下欣赏画面，几乎感受不到背景音乐的存在。一般来说，使用纯音乐作为背景音乐比较合适，除非画面需要背景音乐的歌词来增加用户的代入感。

因为不同类型的短视频具有不同的主题和节奏，所以需要选择不同类型的背景音乐。下面简要介绍几类适合短视频使用的背景音乐，如表3-6所示。

表3-6 短视频的背景音乐

类型	说明	选择的背景音乐
剧情类	适当的背景音乐不仅可以推进剧情发展，还可以放大剧情的戏剧效果	喜剧类短视频可以选择搞怪、轻松的背景音乐；悲剧类短视频可以选择煽情、感人的背景音乐
美妆类	由于美妆类的目标用户通常是年轻人，因此可以选择节奏快、时尚的背景音乐	流行音乐、电子乐、摇滚乐等，可以直接从平台的热门音乐榜单中选择
旅行类	剪辑师可以利用背景音乐来引导用户感悟旅途的风景	展示宏伟壮观景色的短视频适合选择气势恢宏的交响乐；展示古朴典雅的景色和建筑的短视频适合选择民族音乐或民谣小调；展示传统文化的短视频适合选择舒缓、清新的纯音乐
美食类	美食类短视频通常会通过视觉和听觉上的冲击来调动用户的感官，使其产生满足感	可以选择一些轻快、欢乐风格的纯音乐、爵士乐或流行音乐。

课后练习

1. 简述短视频拍摄景别和运镜的类型。
2. 简述短视频画面构图的结构元素和要求。
3. 简述短视频镜头组接原则。

第 4 章　短视频的拍摄

学习目标

- 熟悉常用的拍摄设备。
- 熟悉常用的视频拍摄术语。
- 掌握使用相机拍摄短视频的方法。
- 掌握使用手机拍摄短视频的方法。

技能目标

- 能够正确地设置相机参数来拍摄短视频。
- 能够正确地设置手机参数来拍摄短视频。

素养目标

- 多维视角创作，在短视频拍摄中培养人文情怀与素养。

　　短视频拍摄是短视频制作的核心环节，专业的拍摄可以使视频内容呈现得引人入胜，能给人留下深刻的印象。如果细心观察那些优质的短视频作品，就会发现它们在用光、构图、景别选择、色调设置及运镜等拍摄手法上都十分用心。本章将分别介绍如何使用相机和手机拍摄短视频。

4.1　选择拍摄设备

拍摄短视频常用的设备主要包括拍摄设备、稳定设备、补光设备、录音设备及其他设备等。

↘ 4.1.1　拍摄设备

目前，常用的短视频拍摄设备有智能手机、微单相机、运动相机及航拍无人机等。在选择拍摄设备时，拍摄者可以根据设备功能或要拍摄的短视频题材进行选择。

1. 智能手机

当前市面上各大品牌的旗舰智能手机已经完全可以胜任短视频拍摄的一般需求。随着智能手机摄像头技术的发展，手机摄像头已经从原来的单摄发展为双摄、三摄、四摄，甚至五摄，手机的拍摄功能变得越来越强大，如图4-1所示。一般情况下，多摄手机可以直接点击不同的焦段进行切换。

图4-1　多摄像头手机

2. 相机

拍摄短视频的相机分辨率要高，要有良好的防抖性及比较好的对焦系统和实时追焦的功能。此外，还要考虑的因素有翻转屏、麦克风接口、LOG模式、升格拍摄、相机的重量等。相机分为单反相机和微单相机（也叫无反相机）两类，拍短视频常用的为微单相机，如佳能EOS R6（见图4-2）、索尼Alpha 7 III等。

图4-2　佳能EOS R6

3. 运动相机

随着人们对短视频拍摄需求的不断提高，各种相机产品也不断地改进与创新。在动态拍摄的需求下，运动相机也应运而生，如图4-3所示。运动相机是一种便携式的小型防尘、防震、防水相机，拍摄出来的画面视野更广。运动相机的配件很丰富，如自行车支架、遥控手表、头盔底座等，其解决了很多在户外场景中无法正常拍摄的问题。

图4-3　运动相机

4. 航拍无人机

航拍无人机（见图4-4）主要用于从高空俯拍一些广阔的场景，带来了全新的拍摄视角和拍摄方式，让人们从一个新的角度来了解周围的世界。一般航拍无人机都拥有环绕拍摄、跟随拍摄、自动平滑飞行等多种拍摄模式。

图4-4　航拍无人机

↘ 4.1.2　稳定设备

画面稳定是对短视频拍摄的基本要求，在拍摄短视频时，常用的稳定设备主要有三脚架、手持稳定器、滑轨等。

1. 三脚架

三脚架由可伸缩的支架和云台等组成，它可以完成一些诸如推拉升降镜头的动作，从而提升短视频质量，帮助拍摄者更好地完成拍摄任务，如图4-5所示。

市面上除了常规的伸缩型三脚架外，还有许多颇具创意的便携型支架，如八爪鱼三脚架（见图4-6），其小巧轻便，便于携带，具有可以随意弯曲的支架腿，可以缠绕在物体上进行拍摄。

2. 手持稳定器

使用三脚架可以保持相机静止时的稳定，但在拍摄动态短视频时，就要用到手持稳定器了。目前，手持稳定器主要有手机稳定器和相机稳定器两种，如图4-7和图4-8所示。手持稳定器能够向手机或相机的抖动方向进行反向运动，从而保持相对静止和稳定。

图4-5　三脚架　　　图4-6　八爪鱼三脚架　　　图4-7　手机稳定器　　　图4-8　相机稳定器

手持稳定器不仅能防止手抖导致的画面抖动，还具有精准的目标跟踪拍摄功能，能够跟踪锁定人脸及其他拍摄目标，让动态画面的每一个镜头都流畅、清晰。另外，手持稳定器还支持运动延时、全景拍摄和延时拍摄等，能够满足拍摄者对短视频拍摄的较高需求。

3. 滑轨

使用滑轨（见图4-9）可以拍摄出左右或前后移动的运镜效果。滑轨分为两种，分别是手动滑轨和电动滑轨。使用滑轨可以让拍摄者拍摄出匀速、稳定的运镜效果。与手持稳定器相比，滑轨更加精确可控，可以轻松地拍摄出各种高质量的运镜镜头，如倾斜竖拍、跟焦拍摄、滑动变焦、延时摄影等。滑轨常常与三脚架配合使用（见图4-10），常用的滑轨拍摄方式包括平移、推拉、倾斜旋转、俯拍、升降、模拟摇臂等。

图4-9　滑轨

图4-10　滑轨与三脚架配合使用

↘ 4.1.3　补光设备

　　光线对画面的质量有着非常重要的影响，在良好的光线条件下拍摄出来的画面质量一般都比较好，但当环境光或自然光不能满足拍摄需求时，就需要使用补光设备。拍摄短视频常用的补光灯为LED补光灯（见图4-11），它属于长明灯，其亮度稳定，一些高端LED补光灯还可以实现稳定的可调色温，可以用于人像、静物拍摄或微距拍摄。

图4-11　LED补光灯

　　反光板（见图4-12）是利用光的反射来对被摄主体进行补光，它非常轻便且补光效果较好，在室外可以起到辅助照明的作用，有时也可以作为主光源。光线在反光板平面上产生漫反射，让光线被柔化并扩散到一个更大的区域，可以营造出与扩散光源类似的效果，让画面更加饱满、有质感。

↘ 4.1.4　录音设备

　　在拍摄短视频时，要想提高收音质量，就要用到录音设备。目前常用的录音设备主要有指向性话筒和无线领夹话筒。指向性话筒（见图4-13）只会收录麦克风所指方向的声音，这样会在一定程度上削弱环境音的影响，从而提高人声的收音质量。

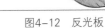

图4-12　反光板

　　无线领夹话筒自带降噪芯片，能够有效识别原声，在嘈杂的环境中也能清晰地进行录音，同时支持耳返监听，可以帮助拍摄人员边拍摄短视频边听，可以实时调整，能够更好地呈现原声录音效果，如图4-14所示。

图4-13　指向性话筒

图4-14　无线领夹话筒

↘ 4.1.5　其他设备

除了以上设备外，短视频拍摄常用的设备还包括摇臂、监视器、"相机兔笼"、绿色背景布等。

● 摇臂：用于实现较大场景的摇镜头运镜，体现前景、被摄主体和背景的空间关系，让画面更加生动，富有视觉冲击力。

● 监视器：除了能提升画面的监看效果外，还具有斑马线、波形图、直方图、矢量图等曝光辅助功能。

● "相机兔笼"：用于解决相机的扩展问题。例如，在拍摄时增加提手、侧把手、监视器、话筒、小蜜蜂等常用设备。

● 绿色背景布：用于拍摄特效时的抠像，足不出户就可以置身于各种各样的场景中。

4.2　视频拍摄常用术语

下面对短视频拍摄中常用的术语进行简单介绍，帮助读者了解并掌握相机或手机的相关功能。

↘ 4.2.1　光圈、快门和感光度

曝光是指一定时间内到达相机感光元件的光量。根据曝光度的不同，画面可能会曝光不足（太暗）、曝光过度（太亮）或曝光正常。曝光基于三个要素：光圈、快门和感光度，这三个要素对画面曝光的影响如图4-15所示。

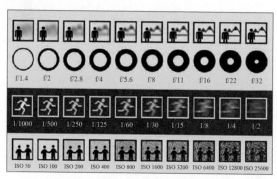

图4-15　曝光三要素对画面的影响

光圈是相机镜头中可以改变中间孔径大小的装置，主要用于控制光线落到感光元件上的光量。光圈用符号"f"表示，如f/1.4、f/5.6、f/8、f/16等，数值越大光圈越小，数值越小光圈越大。

光圈对画面的影响主要有两个方面，一个是曝光，另一个是背景虚化。在相同快门和感光度的条件下，光圈越小，画面越暗，背景越清晰；光圈越大，画面越亮，背景越模糊。

快门控制感光元件曝光时间的长短，快门速度越快，进光量越少，画面越暗；快门速度越慢，进光量越多，画面越亮。在拍摄运动物体时，快门速度还会影响被摄主体的清晰度，高速快门可以定格运动瞬间，慢速快门可以记录运动轨迹。

感光度就是相机对光线的敏感程度，感光度主要影响画面的亮度和画质。相同光圈和快门的条件下，感光度越高，画面越亮。在画质方面，感光度越高，细节损失越多，噪点也就越多，画质越差。一般在室外光线充足的情况下，将感光度设置为100或200；在室内光线较暗的情况下，将感光度设置为400左右；在晚上拍摄短视频时，则需要设置更高的感光度，一般为800~1600，超过3200就会出现噪点。

↘ 4.2.2　测光模式

通俗地说，测光是就是相机对光线的侦测，相机会根据侦测到的光线情况自动设置参数，拍出其认为明暗合适的画面。常用的测光模式主要有三种：平均测光、中央重点测光和点测光。测光模式不同，拍出画面的明暗情况也不同。

● 平均测光：对画面广泛区域进行测光，综合照顾各部分的亮度，并且对对焦区域有侧重加权照顾，适合大部分题材的拍摄，常用于整体画面光线反差不是很大的情况。平均测光模式是相机默认的测光模式。

● 中央重点测光：对整个画面进行测光，但将最大比重分配给中央区域，主要用于拍摄有明显被摄主体的画面，对被摄主体进行测光，其他区域不作考虑。例如，在拍摄人像时，会对人脸进行测光，以保证脸部曝光正常。这种测光模式在拍摄与周围亮度相差较大的被摄主体时比较有优势。

● 点测光：对画面测光点周围小区域进行测光，测光区域面积约占画面的2.5%，只保证测光点周围小区域的曝光准确。这种测光模式主要适用于逆光拍摄、追随拍摄、拍摄运动物体等情况。

↘ 4.2.3　曝光补偿

相机默认建议的曝光值能够适应大部分场景，但有些场景是不合适的，这时就可以调整"曝光补偿"参数来调整测光偏差。当环境整体明亮，画面局部较暗而丢失细节时，就要增加曝光补偿；反之，如果环境较暗，被摄主体明亮，就要减少曝光补偿。

例如，拍摄白茫茫的雪景时，相机的自动测光会把雪拍成灰色，通过适当提高曝光补偿，能使画面变亮，以恢复雪的白色。又如，在逆光条件下拍摄剪影时，相机的自动测光会使画面变得灰蒙蒙，层次不清，这时可以通过降低曝光补偿来表现被摄主体的细节。需要注意的是，曝光补偿在全手动拍摄模式下是无法使用的。

↘ 4.2.4　对焦模式

对焦是指调整镜头焦点与被摄主体之间的距离，使被摄主体成像清晰的过程，这决定了被摄主体的清晰度。在短视频拍摄模式下，相机的对焦模式包括自动对焦和手动对焦。

在拍摄短视频时，如果经常需要移动相机进行跟随拍摄，或者被摄主体在画面中经常移动，一般选择自动对焦模式。如果相机与被摄主体保持相对静止，一般选择手动对焦模式。

↘ 4.2.5　景深

景深就是对焦点前后的清晰范围。在拍摄短视频时，画面在合焦时会形成一个焦平面，焦平面前后范围内的景物会清晰呈现，这就是景深范围。简单来说，景深就是画面中实景之间的距离。景深主要影响画面背景，或清晰，或虚化。

控制景深主要有三个要素：光圈、焦段及被摄主体与背景的距离。光圈越大，景深越浅；焦段越长，景深越浅。被摄主体与背景的距离越远，景深越浅；反之，则景深越深。因此，拍摄者要想拍出背景虚化效果，就需要使用大光圈或长焦段，并让被摄主体离背景的距离远一些。

↘ 4.2.6 色温与白平衡

色温是照明光学中用于定义光源颜色的一个物理量，即把某个黑体加热到一个温度，其发射的光的颜色与某个光源所发射的光的颜色相同时，这个黑体加热的温度称之为该光源的颜色温度，简称色温，其单位用"K"表示。

通俗地说，色温就是衡量物体发光的颜色。与一般认知不同，红色、黄色为低色温，一般在3000K以下，白色为6000K左右，而蓝色为高色温，在10000K以上。光源冷暖与色温的对应关系如图4-16所示。

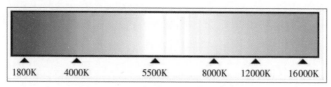

图4-16 光源冷暖与色温的对应关系

白平衡是一个比较抽象的概念，通俗的理解就是不管在任何光源下，都能将白色物体还原为白色，这时其他颜色的色偏自然也会被校正。调节白平衡是为了正确地还原颜色，确保被摄主体的色彩不受光源色彩的影响。

↘ 4.2.7 色彩模式

相机拍摄的色彩模式主要有三种，按照颜色的宽容度从低到高排列，依次为普通模式、HLG模式和LOG模式。

普通模式下显示的颜色是正常的，但宽容度比较低，在拍摄一些极端环境时，会出现暗部死黑、亮部过曝的情况。例如，阴影部分曝光正常时，高光部分往往就会过曝；相反，高光部分曝光正常时，阴影部分就会欠曝。

与普通模式对比，HLG模式有着较高的色彩宽容度，采用该模式拍摄的画面暗部细节更多，亮部更有层次感。

LOG模式的色彩宽容度在三种色彩模式中是最高的，拍出的画面低饱和、低对比，也就是通常所说的"灰片"。这种模式可以为画面存储更多的色彩信息，让画面看上去更加生动真实，而且能为后期处理留下较大的调整空间。

↘ 4.2.8 升格与降格

升格与降格是电影摄像中的一种技术手段，电影摄像的拍摄标准是24帧/秒，也就是每秒拍摄24张图片，这样在放映时才能是正常速度的连续性画面。但是，为了实现一些特殊的放映效果，如慢动作，就要改变正常的拍摄速度。如果提高拍摄速度，高于24帧/秒，就是升格，放映出来就是慢动作；如果降低拍摄速度，低于24帧/秒，就是降格，放映出来就是快动作。

在拍摄升格视频时，一般选择48帧/秒、60帧/秒、120帧/秒、240帧/秒的高帧率进行拍摄。

由于降格后拍摄速度慢，每一格捕获的运动轨迹多带有虚影，最终会形成带有拖尾运动幻觉的影像效果。

4.2.9　延时摄影

延时摄影是以一种将时间压缩的拍摄技术，其拍摄的是一组相片或视频，后期通过相片串联或视频抽帧，把几分钟、几小时，甚至几天、几年的过程压缩到一个较短的时间内以视频的方式播放，以明显变化的画面再现景物缓慢变化的过程。例如，在某商场大门口拍摄数小时，在播放时也就几十秒，可以看到进出商场的人们在快速移动。

延时摄影主要用于拍摄云海、日转夜、城市生活、建筑制造、生物演变等场景中事物的变化过程。拍摄延时摄影的方法通常有两种：一种是利用快门线或相机内自带的间隔拍摄功能拍出一组相片，然后导入视频制作软件中合成；另一种是利用相机本身带有的延时摄影功能，在相机内部完成视频的合成。

4.2.10　视频制式

NTSC和PAL属于全球两大主要的电视广播制式，采用NTSC制式的国家有美国、日本、菲律宾、韩国、加拿大等。NTSC制式的供电频率为60Hz，帧率为30fps。

PAL制式在世界各地更为常见，如中国、德国、澳大利亚及西欧大部分地区、非洲某些地区等。PAL制式的供电频率为50Hz，帧率为25fps。我国的电视和大多数的灯光设备使用50Hz交流电以25fps的帧率运行。因此，为了避免拍摄时出现光线频闪现象，应尽量采用PAL制式。

在常见的视频帧率中，24fps、30fps、60fps的帧率属于NTSC制式，而25fps、50fps、100fps的帧率属于PAL制式。

4.2.11　视频分辨率、帧率和码率

视频分辨率、帧率和码率的设置是拍摄短视频前的基础设置。其中，视频分辨率类似于相片的分辨率，通常以像素数来计量，理论上视频分辨率越高，视频画面越清晰。

在短视频中，常见的分辨率有720p、1080p和4K。按照常见的16：9（宽：高）的视频比例计算，720p分辨率的水平和垂直像素数为1280像素×720像素；1080p分辨率的水平和垂直像素数为1920像素×1080像素；4K分辨率的水平和垂直像素数为3840像素×2160像素。

视频是由连续的图片组成的，帧就是视频中的每一张图片，帧率就是每秒有多少帧图片，单位是fps。帧率越高，画面越流畅；帧率越低，则画面越卡顿。

码率是数据传输时单位时间传送的数据位数，单位是kbps（即千位每秒）。码率越高，对画面的描述越精细，画质的损失就越小，所得到的画面就越接近于原始画面，但同时也需要更大的存储空间来存放这些数据。

4.3　使用相机拍摄短视频

使用相机拍摄短视频的过程中，拍摄者要进行各种设置，这样才能拍摄出高质量的短视频作品。

↘ 4.3.1　设置视频拍摄规格

使用相机拍摄短视频前，拍摄者要先设置视频拍摄规格，包括视频制式、视频分辨率、帧率等。进入设置菜单界面，在上方点击 🖼 按钮，在打开的界面中选择"NTSC/PAL选择器"（见图4-17），按相机上确定键即可切换视频制式，在此将视频制式切换为PAL制。在设置界面上方点击 🖼 按钮，进行动态影像设置，在此选择"文件格式"选项，如图4-18所示。

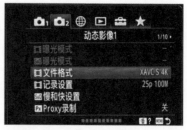

图4-17　切换视频制式　　　　　图4-18　选择"文件格式"选项

在打开的界面中选择视频分辨率，在此选择"HD"选项（即1080p），如图4-19所示。在动态影像设置界面中选择"记录设置"选项，在弹出的界面中选择所需的帧率和码率，如图4-20所示。若要进行升格拍摄，可以选择100fps的帧率，在后期剪辑视频时，将速度放慢为25%即可。

图4-19　选择视频分辨率　　　　图4-20　选择帧率和码率

↘ 4.3.2　曝光设置

使用相机拍摄短视频时，建议选择手动模式进行拍摄，也就是将相机模式转盘转到视频档位，然后在相机设置中找到"曝光模式"选项（见图4-21），进入其设置界面，并选择"手动曝光"模式，如图4-22所示。设置为手动曝光，以便在短视频拍摄时灵活地设置光圈、快门、感光度等参数，从而精确地控制画面的曝光成像，这样在拍摄过程中相机就不会由于被摄主体和环境的变化而产生颜色的随机反应。

图4-21 选择"曝光模式"选项

图4-22 选择"手动曝光"模式

设置手动曝光后，要设置的第一个曝光参数是快门。快门速度越慢，画面的运动模糊越明显，越容易产生拖影；快门速度越快，画面越清晰、锐利，越容易导致播放画面卡顿。

为了保证画面更符合动态模糊效果，一般要将快门速度设置为视频帧率2倍的倒数。例如，如果视频帧率为25帧/秒，就要将快门速度设置为1/50秒，然后根据景深范围设置光圈和感光度。

一般先根据想要的景深范围设置合适的光圈大小，然后调整感光度，以获得正常的曝光。如果画面过暗，可以提高感光度的数值（又称ISO值）；如果画面过亮，则降低ISO值。如果ISO值降到最低，画面依旧过亮，则需要在镜头前加装ND减光镜来保证正确的曝光。

↘ 4.3.3 白平衡设置

单反相机的自动白平衡功能虽然在拍摄相片时用起来比较简便，但在拍摄短视频时并非如此。由于拍摄短视频时会有较多的环境变化，使用自动白平衡功能可能会导致所拍摄的短视频片段画面颜色不一，画面效果出入很大。

因此，在使用单反相机拍摄短视频时，需要将白平衡调整为手动模式。一般情况下，可以将色温设置在4900K~5300K，这是一个中性值，适合大部分拍摄题材；如果拍摄环境色温偏黄，可以设置在3200K~4300K；如果拍摄环境色温偏蓝或是阴天，则可以设置在6500K左右。

如果拍摄光线较为稳定，可以使用自定义白平衡。在"白平衡设置"中选择"白色设置"，然后将一张白纸或其他纯白的物体置于取景框中，按下相机上的"设置"按钮，相机就会根据环境光线和色温来校准白平衡，如图4-23所示。当环境光线和色温条件改变时，则需要重新进行白平衡设置。

图4-23 自定义白平衡

↘ 4.3.4 对焦设置

对焦是短视频拍摄中很重要的一环，相机的对焦设置包括自动对焦和手动对焦两种。以微单相机为例，设置自动对焦的方法为：在相机菜单中选择"AF/MF"选项（见图4-24），然后选择"对焦模式"选项，设置对焦模式为"连续AF"（即自动对焦），如图4-25所示。为了更加灵活地适应各种拍摄需求，在该界面中还可以设置"AF过渡速度"和"AF摄体转移敏度"。

图4-24　选择"AF/MF"选项

图4-25　设置"对焦"模式

设置自动对焦模式后，可以根据拍摄需求选择"对焦区域"，包括广域、区、中间固定、点、扩展点等，如图4-26所示。若被摄主体是人，在设置自动对焦时还可以进一步设置人脸/眼部自动检测对焦。

若要使用跟踪功能，通过触摸操作设定要跟踪的起始位置，可以在设置菜单中选择"触摸操作"选项，然后选择"拍摄期间的触摸功能"选项，在弹出的界面中选择"触碰跟踪"选项，即可通过触摸显示屏来设置要跟踪的被摄主体，如图4-27所示。

图4-26　设置对焦区域

图4-27　设置触碰跟踪

若拍摄场景无法使用自动对焦满足拍摄需求，如微距拍摄、画面虚实变焦或焦点转移，则需要使用手动对焦。设置方法为：在相机菜单中选择"手动对焦"，然后在拍摄时匀速转动对焦环来实现画面的虚实焦点变化，如图4-28所示。

在手动对焦过程中，可以使用"对焦放大"或"峰值显示"辅助对焦功能在画面中查看对焦是否准确，如图4-29所示。例如，打开"峰值显示"功能后，画面中对焦的位置会标记上带颜色的线条。

图4-28　转动对焦环手动对焦

图4-29　打开"峰值显示"功能

↘ 4.3.5 色调设置

如果对画面色彩有较高的需求，在拍摄短视频时可以选择LOG模式，以获得更大的调色空间。在"颜色/色调"设置菜单中选择"图片配置文件"选项，如图4-30所示。在打开的界面中选择所需的色调模式即可，如图4-31所示。

图4-30 选择"图片配置文件"选项　　　　图4-31 选择色调模式

而没有LOG模式的相机，可以使用对比度和色彩不是很浓艳的色彩配置文件，并将清晰度和降噪调整为较低的效果，以便为后期小范围色彩和光影的调整提供较大的空间。

↘ 4.3.6 拍摄延时短片

目前很多相机自带延时摄影功能，用户只需在相机上打开该功能，并设置好每张相片的拍摄间隔和的拍摄张数即可。下面以佳能相机为例介绍如何拍摄延时短片。

在摄像功能下进入设置菜单，选择"延时短片"选项，按"SET"键进入该菜单，如图4-32所示。在打开的界面中启用"延时短片"功能，按"SET"键即可使用默认设置进行延时摄影拍摄，如图4-33所示。

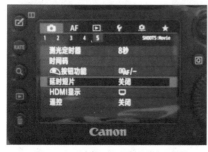

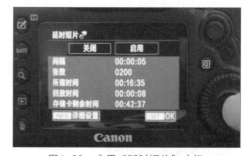

图4-32 选择"延时短片"选项　　　　图4-33 启用"延时短片"功能

在相机上按"INFO"键，在弹出的界面中设置拍摄间隔和张数（见图4-34），设置完毕后按"SET"键，然后按相机上的"START/STOP"键准备拍摄，根据提示按"AF-ON"键进行试拍对焦，以锁定曝光，如图4-35所示。在屏幕中点击被摄主体进行对焦，然后按"START/STOP"键准备拍摄，再按下相机上的快门键，即可拍摄延时短片。

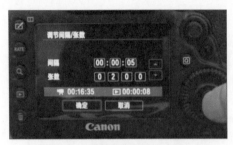

图4-34　设置拍摄间隔和张数

图4-35　试拍对焦

4.4　使用手机拍摄短视频

现在智能手机的拍摄功能已经十分强大，不同型号的智能手机拍摄短视频的功能有所差别，但总体出入不大。下面以华为手机为例介绍使用手机拍摄短视频的方法。

↘ 4.4.1　设置视频分辨率和帧率

在手机上设置视频分辨率和帧率的方法如下。

步骤 01 打开手机相机，在下方点击"录像"选项，进入录像模式，点击右上方的"设置"按钮，如图 4-36 所示。

步骤 02 进入相机设置界面，在"视频"列表中点击"视频分辨率"选项，在打开的界面中选择所需的分辨率，如图 4-37 所示。

步骤 03 点击"视频帧率"选项，在弹出的界面中选择所需的帧率，如图 4-38 所示。

图4-36　点击"设置"按钮

图4-37　选择分辨率

图4-38　选择帧率

↘ 4.4.2　启用参考线和水平仪

启用相机参考线可以在拍摄时辅助取景构图，水平仪则用于观察拍摄角度是否水平。启用参考线和水平仪的具体操作方法如下。

步骤 01 在相机设置界面的"通用"列表中启用"参考线"和"水平仪"功能，如图 4-39 所示。

步骤 02 返回拍摄界面，可以看到屏幕中出现参考线和水平仪，如图 4-40 所示。

步骤 03 旋转手机镜头角度，使水平仪中的虚线与实线重合，表示拍摄角度为水平角度，如图 4-41 所示。

图4-39 启用参考线和水平仪　　图4-40 查看参考线和水平仪　　图4-41 调整拍摄角度

↘ 4.4.3 对焦与测光

手机相机在取景时一般会自动判断被摄主体，并完成自动对焦，使被摄主体变得清晰。若手机相机自动对焦对准的不是被摄主体，拍摄者可以用手指在屏幕上轻轻点击要对焦的被摄主体，屏幕上就会出现一个对焦框，它的作用就是对其框住的被摄主体进行对焦和测光，如图4-42所示。

在使用手机相机拍摄短视频的过程中，随着被摄主体的改变或光线的变化，手机相机会自动重新对焦并测光，这会导致在拍摄动态画面时出现反复识别被摄主体、实焦虚焦连续变换或不同被摄主体连续曝光的情况，使画面变得不稳定。

因此，当手机相机与被摄主体之间的距离不会发生较大变化时，常常需要对被摄主体锁定对焦和曝光，这样在光线稳定的前提下，无论如何移动，被摄主体会始终保持清晰且画面亮度统一。

锁定曝光和对焦的方法为：在屏幕上点击被摄主体进行手动对焦，然后长按对焦框，当画面上方显示"曝光和对焦已锁定"字样时松开手指即可，如图4-43所示。

手机相机的测光系统会对拍摄场景进行测光分析，并将被摄主体按照18%的中性灰亮度进行还原。如果拍摄者想让画面暗一些，就在较亮的地方点击，可以看到此时画面暗部过暗，如图4-44所示。如果拍摄者想让画面亮一些，可以在较暗的地方点击，可以看到此时画面亮部过曝，如图4-45所示。向下拖动对焦框旁的 图标降低曝光补偿，使亮部恢复正常曝光，如图4-46所示。

图4-42　手动点击对焦　　　　图4-43　锁定曝光和对焦

图4-44　在亮处点击　　　　图4-45　在暗处点击　　　　图4-46　降低曝光补偿

↘ 4.4.4　使用曝光补偿改变画面明暗基调

通过调整曝光补偿可以使画面更亮或更暗，从而改变画面明暗基调。在手机相机中，可以通过两种方式来调整曝光补偿。

第一种方式是在手机录像模式下点击画面中的被摄主体进行自动测光，效果如图4-47所示。向下拖动对焦框旁的小太阳图标 降低曝光补偿，可以使画面变暗，如图4-48所示。向上拖动 图标增加曝光补偿，可以使画面变亮，如图4-49所示。

第二种方式是在专业录像模式下调整曝光补偿（又称EV值）。方法为：在相机界面下方点击"专业"按钮进入专业模式，然后点击右下方的"录像"按钮 ，切换为录像模式。点击"EV"按钮，打开"EV"调节区，如图4-50所示。拖动滑块即可调整曝光补偿，如增大EV值至+0.7使画面变亮，如图4-51所示。若长按"EV"按钮，可以锁定曝光。

图4-47 自动测光

图4-48 降低曝光补偿

图4-49 增加曝光补偿

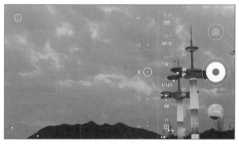

图4-50 点击"EV"按钮

图4-51 增大EV值

↘ 4.4.5 设置白平衡控制画面色彩基调

在专业录像模式下，手机相机可以根据用户设置的白平衡参数进行白平衡校准。目前，手机相机自动白平衡侦测色温的准确度越来越高，对初学者来说，其将白平衡设置为自动模式即可，当画面色彩还原与实际色彩相差较大时，再通过视频剪辑软件重新校准白平衡。

在实际拍摄中，有时为了获得想要的色彩效果，需要调整色温K值进行故意偏色。点击"白平衡"按钮 **WB**，在打开的选项中可以选择预设的白平衡模式，包括自动模式、阴天模式、荧光模式、白炽灯模式、日光模式，默认为AWB自动模式，如图4-52所示。

图4-52 自动白平衡

选择白炽灯模式，画面变为冷蓝色调，如图4-53所示。若要手动调整白平衡，可以点击按钮，然后拖动滑块调整色温K值。

为了使夕阳的氛围更浓烈，在此将K值增大至6500K，如图4-54所示。需要注意的是，在更换场景后不要忘记再将白平衡恢复为自动模式。

图4-53　白炽灯模式

图4-54　增大K值

↘ 4.4.6　使用自动对焦拍摄

在手机相机专业录像模式下提供了两种自动对焦模式：AF-S单次对焦模式和AF-C连续对焦模式，点击"AF"按钮后可以进行选择。

● **AF-S单次对焦模式：** 当手指在屏幕上点击选择对焦点后，手机相机会自动对焦并锁定焦点。当移动手机改变取景范围时，手机相机会按照新画面重新对焦，除非再次在屏幕上点击选择对焦点。AF-S单次对焦模式适合拍摄静止的被摄主体。

● **AF-C连续对焦模式：** 当手指在屏幕上点击选择对焦点后，手机相机会自动完成对焦。当取景范围发生较大变化时，手机相机会在原来点击的位置重新对焦。另外，即使不点击屏幕选择对焦点，手机相机也会根据画面的转换不断地在画面中自动对焦。如果被摄主体是人物，还可以自动对焦人物的面部，如图4-55所示。AF-C连续对焦模式适合拍摄运动的被摄主体。

图4-55　选择AF-C连续对焦模式自动对焦人物面部

↘ 4.4.7　使用手动对焦实现焦点转移

在短视频作品中，经常出现焦点转移的拍摄手法，画面中的焦点从一个物体转移到另一个物体，实现特定的叙事表达或情感表达。一般可以通过在画面上点击不同物体的方法来实现焦点转移，但这种方法只适合拍摄微小的物体。

要想更加灵活地进行焦点转移，可以使用手机相机的手动对焦功能。手动对焦功能还常用于自动对焦不佳的情况，如光线差、对焦位置反差小、被摄主体前有障碍物遮挡或者微距拍摄自动对焦不准确等。

在手机相机中可以通过两种方法进行手动对焦操作：使用MF对焦模式和使用音量键调整焦点。

第一种方法是在手机相机专业录像模式下点击"AF"按钮，然后选择"MF"对焦模式，如图4-56所示。向下拖动滑块，将焦点转移到后方花朵上，使其变得清晰，如图4-57所示。

图4-56　选择"MF"对焦模式　　　　　　图4-57　将焦点转移到后方花朵上

继续向下拖动滑块，将焦点转移到前方花朵上，使其变得清晰，如图4-58所示。通过拖动滑块，即可实现画面焦点的转移。

图4-58　将焦点转移到前方花朵上

第二种方法是在手机相机设置界面中点击"音量键功能"选项，在弹出的界面中选择"对焦"选项，如图4-59所示。进入手机相机专业录像模式，按手机上的音量键，弹出对焦调整区，通过使用音量键或拖动滑块即可实现画面焦点的转移，如图4-60所示。

图4-59　设置音量键功能　　　　　　　图4-60　调整焦点位置

↘ 4.4.8　选择测光模式

以华为手机为例，包括3种测光模式，分别是矩阵测光、中央重点测光和点测光。在手机相机专业录像模式下点击"M"按钮，然后选择需要的测光模式，如图4-61所示。

（a）矩阵测光　　　　　　　　（b）中央重点测光　　　　　　　　（c）点测光

图4-61　选择不同的测光模式

↘ 4.4.9　在专业模式下控制画面曝光

在专业模式下，拍摄者可以通过调整感光度和快门来控制画面曝光，具体操作方法如下。

步骤 01 进入专业模式，可以看到自动测光状态下的 ISO 值为 64，快门速度为 1/100，如图 4-62 所示。

步骤 02 点击"ISO"按钮，拖动滑块将 ISO 设置为固定值 50，可以看到快门速度自动提高为 1/33，如图 4-63 所示。

图4-62　查看自动曝光数值　　　　　　　　图4-63　设置ISO值

步骤 03 点击快门速度"S"按钮，向下拖动滑块提高快门速度为 1/160，可以看到画面变得更暗，如图 4-64 所示。

步骤 04 向上拖动滑块降低快门速度为 1/80，可以看到画面变亮，如图 4-65 所示。

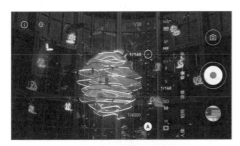

图4-64　提高快门速度

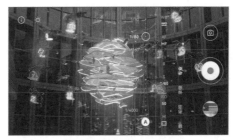

图4-65　降低快门速度

↘ 4.4.10　拍摄延时摄影

华为手机的延时摄影功能支持手动设置，在拍摄延时摄影短视频作品时需要对录制速率、快门时间、ISO等参数进行手动设置，具体操作方法如下。

步骤 01 打开手机相机，在下方点击"更多"按钮，在打开的界面中点击"延时摄影"按钮◯，如图 4-66 所示。

步骤 02 在"延时摄影"拍摄界面中拖动焦距滑块切换到超广角镜头，在拍摄界面下方点击"手动"按钮◯，如图 4-67 所示。

图4-66　点击"延时摄影"按钮

图4-67　点击"手动"按钮

步骤 03 进入手动设置模式，点击"PRO"按钮，设置各项拍摄参数，如白平衡、ISO、快门、对焦模式、测光模式和曝光补偿等，在此增加 EV 值使画面更亮，如图 4-68 所示。也可以在自动模式下锁定对焦和曝光再进行拍摄。

步骤 04 点击"速率"按钮◯，拖动滑块调整速率为 30x，如图 4-69 所示。速率越高，生成的短视频播放速度越快。

图4-68　设置拍摄参数

图4-69　调整速率

步骤 05 点击"录制时长"按钮◯，拖动滑块调整录制时长为 10 分钟，此时在画面上方可以看到生成的成片时长为 20 秒，如图 4-70 所示。

步骤 06 点击"录制"按钮⊙，开始录制延时摄影短视频，等待录制完成后点击▪按钮结束录制，如图 4-71 所示。

图4-70　调整录制时长　　　　　图4-71　开始录制延时摄影视频

↘ 4.4.11　拍摄慢动作短视频

慢动作拍摄通常用来拍速度正常或速度很快的动作，目的是把这些动作变慢，呈现出有别于平时肉眼看到的视觉效果。使用手机相机的"慢动作"模式可以拍摄慢动作短视频，具体操作方法如下。

步骤 01 打开手机相机，在下方点击"更多"按钮，在打开的界面中点击"慢动作"按钮⊙，如图 4-72 所示。

步骤 02 进入慢动作拍摄模式，默认启用运动侦测功能⊞，如图 4-73 所示。

图4-72　点击"慢动作"按钮　　　　图4-73　进入慢动作拍摄模式

步骤 03 点击"运动侦测"按钮，关闭运动侦测功能⊠，转换为手动拍摄模式，如图 4-74 所示。

步骤 04 点击速率按钮⊙，拖动滑块选择所需的慢放倍数，在此选择 4x（即 120 帧每秒），如图 4-75 所示。

图4-74　关闭运动侦测功能　　　　图4-75　调整速率

步骤 **05** 在屏幕上点击进行对焦，长按对焦框锁定对焦和曝光，点击"录制"按钮◙，开始拍摄慢动作短视频，如图 4-76 所示。拍摄完成后点击▪按钮，即可结束拍摄。

步骤 **06** 打开手机相册，找到拍摄的慢动作短视频并进行播放。在视频条上拖动慢动作片段两侧的滑杆，调整慢动作区间范围，如图 4-77 所示。

图4-76　拍摄慢动作短视频

图4-77　调整慢动作区间范围

课后练习

1. 简述光圈、快门和感光度对画面的影响。
2. 在短视频拍摄中常用的测光模式有哪些。
3. 结合本章所学知识，练习使用相机拍摄短视频。
4. 结合本章所学知识，练习使用手机拍摄短视频。

第 5 章 抖音短视频的制作

学习目标

- 掌握使用抖音拍摄短视频的方法。
- 掌握使用抖音剪辑短视频的方法。
- 掌握使用抖音发布与管理短视频的方法。

技能目标

- 能够使用抖音进行分段拍摄、使用特效拍摄、快/慢速拍摄。
- 能够使用抖音设置倒计时拍摄、合拍短视频。
- 能够在拍摄抖音短视频时选择背景音乐。
- 能够使用抖音剪辑视频素材、添加文字和贴纸、添加视频效果。
- 能够在抖音平台发布与管理短视频。

素养目标

- 增强文化自信，在短视频中弘扬中华文化。

　　抖音是当下较为流行的短视频平台，它已经从一款单纯的娱乐工具，变成备受用户追捧的创意短视频社交平台。抖音操作极易上手，可以获得用户关注、点赞与好评，无论是个人还是企业，都能通过抖音进行快速展示与曝光，甚至获得巨大的流量。本章将学习使用抖音拍摄短视频的方法及抖音短视频后期处理与发布的方法。

5.1 使用抖音拍摄短视频

抖音短视频的拍摄方法虽然很简单，但要想拍出高点赞量的优质作品，还需要短视频创作者掌握一定的拍摄方法与技巧。

5.1.1 拍摄设置

使用抖音拍摄短视频前，可以根据需要进行常规设置，如使用滤镜、美化功能，打开构图网格等，具体操作方法如下。

步骤 01 进入抖音拍摄界面，界面右侧为用户提供了多个设置按钮，若要使用滤镜，可以点击"滤镜"按钮，如图 5-1 所示。

步骤 02 在弹出的界面中选择所需的滤镜效果，如图 5-2 所示。左右滑动屏幕也可以切换滤镜。

步骤 03 点击"设置"按钮，在弹出的界面中打开"网格"功能，即可在画面中显示九宫格，以方便构图，如图 5-3 所示。

图5-1 点击"滤镜"按钮

图5-2 选择滤镜

图5-3 打开"网格"功能

5.1.2 分段拍摄

使用抖音拍摄短视频时，可以一镜到底持续地拍摄，也可以在拍摄过程中暂停，转换场景后再继续拍摄。例如，若要拍摄瞬间换装的短视频，就可以在拍摄过程中暂停拍摄，更换服装后再继续拍摄。

使用抖音分段拍摄视频的具体操作方法如下。

步骤 01 打开抖音 App，点击下方的 按钮，如图 5-4 所示。

步骤 02 进入抖音拍摄界面，在下方点击"分段拍"按钮，然后选择 60 秒时长，设置拍摄模式为"标准"，点击拍摄按钮，即可开始拍短摄视频，如图 5-5 所示。

步骤 03 在圆形按钮上显示拍摄计时和时长进度，点击 按钮，完成第一段短视频的拍摄，如图 5-6 所示。

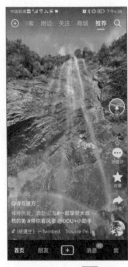

图5-4 点击 ➕ 按钮

图5-5 设置拍摄模式

图5-6 拍摄第一段短视频

步骤 04 转换到下一个拍摄场景，点击 ⬤ 按钮，开始第二段短视频的拍摄，如图 5-7 所示。在拍摄抖音短视频时，也可以长按拍摄按钮 ⬤ 进行拍摄，此时按住拍摄按钮并向上拖动还可以实现镜头变焦。

步骤 05 采用同样的方法，继续进行其他短视频片段的拍摄。若不想要某段短视频，可以点击 ✖ 按钮，在弹出的界面中点击"删除"按钮将其删除，如图 5-8 所示。

步骤 06 分段拍摄完毕后，点击 ✔ 按钮进入编辑界面，在下方点击"存本地"按钮，即可将拍摄的短视频保存到手机相册。在上方点击"选择音乐"按钮，如图 5-9 所示。

图5-7 拍摄第二段短视频

图5-8 删除短视频片段

图5-9 点击"选择音乐"按钮

步骤 07 在弹出的界面中选择背景音乐，在下方取消选择"视频原声"选项，可以关闭视频原声，如图 5-10 所示。

步骤 08 点击"下一步"按钮，进入短视频发布界面，在下方点击"存草稿"按钮，如图 5-11 所示。

步骤 09 在抖音 App 下方标签栏中点击"我"按钮，然后在"作品"列表中点击"草稿"按钮，打开"草稿箱"界面，可以看到拍摄的短视频，如图 5-12 所示。点击短视频，即可进入短视频编辑界面。

图5-10 选择背景音乐

图5-11 点击"存草稿"

图5-12 查看草稿箱

↘ 5.1.3 使用特效拍摄

在拍摄抖音短视频时可以使用特效道具，这样可以美化短视频，产生生动有趣、颇具创意的效果。每种道具都有其特殊的用法，下面将介绍拍摄抖音短视频时如何找到并使用特效，具体操作方法如下。

步骤 01 进入抖音拍摄界面，在左下方点击"特效"按钮，在弹出的界面中选择特效分类，在此选择"热门"分类，然后选择所需的特效即可应用该特效，如图 5-13 所示。

步骤 02 点击特效界面左方的"收藏"按钮★可以收藏特效，点击"收藏"分类可以查看所有收藏的特效，如图 5-14 所示。

步骤 03 点击"搜索"按钮🔍，输入关键词，可以搜索相关特效，如图 5-15 所示。

步骤 04 在抖音短视频浏览界面中点击右上方的"搜索"按钮，搜索特效关键词，如"定格特效"，即可查看搜索结果，点击"蓝线挑战"特效，如图 5-16 所示。

步骤 05 在弹出的界面中可以看到应用同款特效的短视频作品，点击"收藏"按钮可以收藏该特效，点击下方的"拍同款"按钮可以使用该特效拍摄短视频，如图 5-17 所示。

步骤 06 在浏览抖音短视频时，如果短视频使用了特效，就会在标题上方显示"特效"按钮，浏览界面下方的 ➕ 按钮会变为"特效"按钮，点击该按钮即可使用相应的特效进行短视频拍摄，如图 5-18 所示。

图5-13　选择特效

图5-14　收藏特效

图5-15　搜索特效

图5-16　搜索"定格特效"

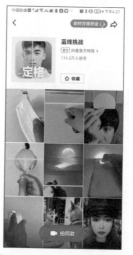

图5-17　点击"拍同款"按钮

图5-18　点击"特效"按钮

↘ 5.1.4　快/慢速拍摄

在拍摄短视频时，使用快/慢镜头是经常用到的一种手法，以形成突然加速或突然减速的短视频效果。在抖音中也可以通过"快/慢速"功能控制短视频速度。具体操作方法如下。

步骤 01 进入抖音拍摄界面，在短视频拍摄模式中选择"慢"或"极慢"模式，点击"拍摄"按钮◯，即可进行慢速拍摄，如图 5-19 所示。在"慢速"拍摄模式下，拍摄计时将加速，在播放时以标准速度播放，短视频呈现慢放效果。

步骤 02 在短视频拍摄模式中选择"快"或"极快"模式，点击"拍摄"按钮◯，即可进行快速拍摄，如图 5-20 所示。在"快速"拍摄模式下，拍摄计时将减速，在播放时以标准速度播放，短视频呈现快放效果。

图5-19 慢速拍摄模式   图5-20 快速拍摄模式

5.1.5 选择背景音乐

抖音作为一款短视频App，选择背景音乐自然是不可或缺的一步，背景音乐甚至会影响拍摄短视频的思维与节奏。下面将介绍在拍摄抖音短视频时如何选择背景音乐，具体操作方法如下。

步骤 01 进入拍摄界面，在上方点击"选择音乐"按钮 🎵，如图5-21所示。

步骤 02 在弹出的界面中可以看到抖音推荐的背景音乐和已收藏的背景音乐，若没有所需的背景音乐，可以点击"发现"按钮 🔍，如图5-22所示。

步骤 03 弹出"选择音乐"界面，点击"热歌榜"歌单分类，如图5-23所示。

图5-21 点击"选择音乐"   图5-22 点击"发现"   图5-23 点击"热歌榜"
　　　按钮　　　　　　　　　　　按钮　　　　　　　　　　歌单分类

步骤 04 在弹出的界面中选择所需的背景音乐，然后点击"使用"按钮，如图5-24所示。

步骤 05 此时在拍摄界面中即可显示添加的背景音乐，如图5-25所示。

步骤 06 在选择背景音乐时，也可直接在搜索框中搜索名称，然后选择所需的背景音乐，如图5-26所示。

图5-24　点击"使用"按钮

图5-25　添加背景音乐

图5-26　搜索背景音乐

步骤 07 在抖音上浏览短视频时，当遇到喜欢的短视频背景音乐时，可以点击短视频标题下方的音乐名称或界面右下方的音乐碟片图标 💿，如图5-27所示。

步骤 08 在打开的界面中可以查看该背景音乐的原声视频、原声歌曲及应用了该背景音乐的短视频，点击"收藏"按钮可以收藏该背景音乐，点击下方的"拍同款"按钮可以使用该背景音乐拍摄抖音短视频，如图5-28所示。

步骤 09 在抖音App下方标签栏中点击"我"按钮，然后点击"收藏"按钮，在标签栏中点击"音乐"按钮，即可查看所有收藏的背景音乐，如图5-29所示。

图5-27　点击音乐名称

图5-28　点击"拍同款"按钮

图5-29　点击"音乐"按钮

5.1.6 倒计时拍摄

使用"倒计时"功能可以实现定时拍摄和自动暂停拍摄,便于用户自拍时准备或卡点音乐节拍,具体操作方法如下。

步骤 01 在抖音拍摄界面右侧点击"倒计时"按钮⊙,在弹出的界面中拖动时间线选择暂停位置,如图 5-30 所示,然后点击"开始拍摄"按钮。

步骤 02 开始拍摄第一段短视频,当时长增加到设置的时长后会自动暂停拍摄,如图 5-31 所示。

步骤 03 再次点击"倒计时"按钮⊙,拖动时间线选择第二段短视频的暂停位置,如图 5-32 所示,然后点击"开始拍摄"按钮,开始第二段短视频的拍摄。

图5-30 选择暂停位置

图5-31 拍摄第一段短视频

图5-32 选择暂停位置

5.1.7 合拍短视频

利用"合拍"功能可以与他人发布的短视频进行合拍,在一个界面中同时显示他人和创作者自己的作品,通过与热门短视频进行合拍有助于提高短视频的曝光度。合拍短视频的具体操作方法如下。

步骤 01 找到要合拍的短视频,点击右下方的"分享"按钮➡,在弹出的界面中点击"合拍"按钮⊙,如图 5-33 所示。

步骤 02 进入合拍界面,在右侧点击"布局"按钮▤,如图 5-34 所示。

步骤 03 在弹出的界面中选择所需的布局方式,如图 5-35 所示。

步骤 04 点击短视频画面退出布局界面,然后拖动小窗口调整原视频的位置,如图 5-36 所示。点击拍摄按钮◉,即可开始拍摄短视频。也可上传已经拍好的短视频进行合拍,点击右下方的"相册"按钮。

步骤 05 在弹出的界面中选择本地拍摄的短视频,如图 5-37 所示。

步骤 06 进入短视频编辑界面,查看合拍短视频效果,如图 5-38 所示。

图5-33 点击"合拍"按钮

图5-34 点击"布局"按钮

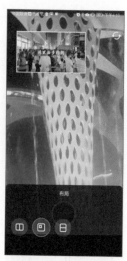

图5-35 选择布局

图5-36 调整原视频位置

图5-37 选择短视频

图5-38 查看合拍短视频

5.2 抖音短视频的后期处理与发布

下面将介绍如何使用抖音App对拍摄的短视频进行后期处理，如剪辑视频素材，添加文字和贴纸，添加视频效果，使用模板编辑短视频，以及发布与管理短视频。

微课视频

剪辑视频素材

↘ 5.2.1 剪辑视频素材

使用抖音App可以对拍摄的视频素材进行剪辑，如添加背景音乐、视频变速、修剪视频素材、调整顺序、添加转场等，具体操作方法如下。

步骤 01 进入抖音拍摄界面，点击右下方的"相册"按钮，如图 5-39 所示。

步骤 02 在弹出的界面中依次选中要剪辑的视频素材，然后点击"下一步"按钮，如图 5-40 所示。在下方已选的视频素材中长按并拖动素材图标，可以调整其顺序。

步骤 03 进入视频编辑界面，程序会自动使用推荐音乐对视频素材进行剪辑。点击上方音乐右侧的 ✕ 按钮删除音乐，如图 5-41 所示。

图5-39　点击"相册"按钮　　　图5-40　选择视频素材　　　图5-41　删除音乐

步骤 04 点击"选择音乐"按钮，如图 5-42 所示。

步骤 05 在弹出的界面中点击"发现"按钮 Q，如图 5-43 所示。

步骤 06 找到要使用的音乐，点击"使用"按钮，如图 5-44 所示。

图5-42　点击"选择音乐"按钮　　图5-43　点击"发现"按钮　　图5-44　点击"使用"按钮

步骤 07 返回视频编辑界面，点击画面右侧的"剪辑"按钮 ，进入剪辑界面。选中第一个视频素材，在工具栏中点击"变速"按钮 ，如图 5-45 所示。

步骤 08 在弹出的界面中拖动滑块调整速度，点击✅按钮，如图5-46所示。

步骤 09 选中视频素材，拖动左右两侧的修剪滑块，修剪视频素材的长度，只保留所需的片段，如图5-47所示。采用同样的方法，对其他视频素材进行调速和修剪操作。

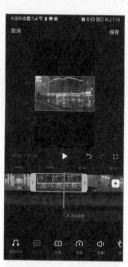

图5-45　点击"变速"按钮　　图5-46　调整速度　　图5-47　修剪视频素材

步骤 10 长按视频素材并左右拖动，调整视频素材的先后顺序，如图5-48所示。

步骤 11 将时间指针定位到要添加视频素材的位置，然后点击轨道右侧的"添加素材"按钮+，如图5-49所示。

步骤 12 在弹出的界面中选择要添加的视频素材，点击"确定"按钮，如图5-50所示。

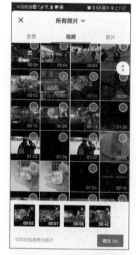

图5-48　调整视频素材顺序　　图5-49　点击"添加素材"按钮　　图5-50　选择视频素材

步骤 13 对添加的视频素材进行调速和修剪，然后点击素材之间的"转场"按钮|，如图5-51所示。

步骤 ⑭ 在弹出的界面中选择"基础转场"分类，选择"叠化"转场效果，拖动滑块调整转场时长为0.3s，然后点击"应用到全部"按钮，如图5-52所示。

步骤 ⑮ 预览短视频整体效果，然后点击右上方的"保存"按钮，如图5-53所示。

图5-51 点击"转场"按钮

图5-52 选择转场效果

图5-53 点击"保存"按钮

↘ 5.2.2 添加文字和贴纸

下面在短视频中添加文字和贴纸，以修饰画面，具体操作方法如下。

步骤 ① 在视频编辑界面中点击"文字"按钮，如图5-54所示。

步骤 ② 输入所需的文字，然后选择字体，如图5-55所示。

步骤 ③ 在上方点击 ⊙ 按钮，在弹出的界面中设置文字颜色，如图5-56所示。

微课视频

添加文字和贴纸

图5-54 点击"文字"按钮

图5-55 选择字体

图5-56 设置文字颜色

步骤 **04** 调整文字的位置，在右侧点击"贴纸"按钮 💬，如图5-57所示。

步骤 **05** 在下方选择"装饰"分类，然后选择所需的贴纸，如图5-58所示。

步骤 **06** 调整贴纸的大小和位置，如图5-59所示。

图5-57　点击"贴纸"按钮　　　图5-58　选择贴纸　　　图5-59　调整贴纸

步骤 **07** 在短视频中再添加一个贴纸并调整其大小和位置，然后点击贴纸，在弹出的菜单中点击"设置时长"选项，如图5-60所示。

步骤 **08** 拖动起始滑块和结束滑块，调整贴纸的持续时间，点击 ▶ 按钮预览效果，然后点击 ✓ 按钮，如图5-61所示。

图5-60　点击"设置时长"选项　　　图5-61　调整持续时间

↘ 5.2.3　添加视频效果

下面为短视频添加特效、滤镜等视频效果，使短视频更加炫酷、有创意，具体操作方法如下。

微课视频

添加视频效果

步骤 01 在视频编辑界面点击"特效"按钮，如图5-62所示。

步骤 02 拖动时间指针选择要应用特效的位置，在下方选择"梦幻"分类，然后按住"金片炸开"特效开始播放并应用特效，松开手指停止应用特效，如图5-63所示。

步骤 03 拖动时间指针选择要应用特效的位置，在下方选择"动感"分类，然后按住"幻觉"特效应用该特效，然后点击"保存"按钮，如图5-64所示。要删除特效，可以点击"撤销"按钮。

图5-62 点击"特效"按钮　图5-63 使用"金片炸开"特效　图5-64 使用"幻觉"特效

步骤 04 在视频编辑界面中点击"滤镜"按钮，在弹出的界面中选择所需的滤镜效果，拖动滑块调整滤镜的强度，如图5-65所示。

步骤 05 在视频编辑界面中点击"画质增强"按钮启用该功能，一键增强画面的清晰度，如图5-66所示。

图5-65 选择滤镜　图5-66 启用"画质增强"功能

↘ 5.2.4　使用模板编辑短视频

微课视频

使用模板编辑
短视频

使用抖音App提供的模板可以快速编辑短视频，包括"一键成片"和"剪同款"，具体操作方法如下。

步骤 01 在抖音拍摄界面中点击"相册"按钮，依次选择要添加的短视频素材，然后在下方点击"一键成片"按钮 ▦，如图5-67所示。

步骤 02 此时，抖音App开始智能识别并合成短视频。短视频合成后，进入视频编辑界面，在"推荐模板"列表中可以选择要使用的模板，然后点击模板缩览图上的"点击编辑"按钮 ✐，如图5-68所示。

步骤 03 进入"模板编辑"界面，在下方选择要编辑的片段，如图5-69所示。

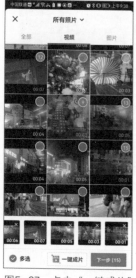

图5-67　点击"一键成片"
按钮

图5-68　点击"点击编辑"
按钮

图5-69　选择要编辑
的片段

步骤 04 进入"单段编辑"界面，拖动视频条重新选择视频区间，然后点击 ✔ 按钮，如图5-70所示。

步骤 05 要使用"剪同款"功能编辑短视频，可以在抖音拍摄界面下方点击"模板"按钮，在上方选择模板分类，找到需要的模板后点击"剪同款"按钮，如图5-71所示。

步骤 06 在弹出的界面中添加视频素材，点击"确认"按钮，进入视频编辑界面，进行其他编辑操作，如图5-72所示。

图5-70　单段编辑

图5-71　点击"剪同款"按钮

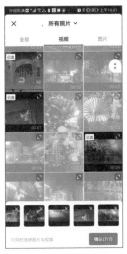

图5-72　添加视频素材

↘ 5.2.5　发布与管理短视频

抖音短视频后期处理完成后，即可将其发布到抖音平台上。下面将介绍如何发布与管理短视频，具体操作方法如下。

步骤 01 在视频编辑界面中点击"下一步"按钮，进入发布界面，输入标题并添加话题，如图 5-73 所示。点击"你在哪里"按钮⊙，在弹出的界面中搜索并添加位置，如图 5-74 所示。

步骤 02 在发布界面右上方点击"选封面"按钮，在弹出的界面中拖动选框选择视频封面，如图 5-75 所示。

微课视频

发布与管理
短视频

图5-73　输入标题并添加话题

图5-74　添加位置

图5-75　选择视频封面

步骤 03 点击"样式"标签，选择所需的文本样式并输入封面标题，然后点击右上方的"保存"按钮，如图5-76所示。

步骤 04 点击设置权限选项，在弹出的界面中设置作品浏览权限，如图5-77所示。

步骤 05 点击"高级设置"按钮，在弹出的界面中启用"高清发布"功能，如图5-78所示。设置完成后，点击"发布"按钮，即可发布抖音短视频。

图5-76　输入封面标题

图5-77　设置权限

图5-78　启用"高清发布"功能

步骤 06 等待抖音短视频上传完成后，在抖音App界面下方标签栏中点击"我"按钮，然后点击"作品"标签，即可看到发布的短视频作品，如图5-79所示。

步骤 07 点击短视频封面，在打开的界面中即可预览短视频，如图5-80所示。

步骤 08 点击右下方的"权限设置"按钮，在弹出的界面中可以重新设置短视频的相关权限，如图5-81所示。

图5-79　查看作品

图5-80　预览短视频

图5-81　设置权限

步骤 09 点击██按钮，在弹出的界面中可以设置分享短视频，点击"保存本地"按钮，可以将短视频保存到手机相册，如图5-82所示。

步骤 10 向左滑动工具栏可以看到更多功能按钮，进行更多操作，如修改标题、删除、置顶等，在此点击"置顶"按钮🔝，如图5-83所示。

步骤 11 返回"作品"列表，可以看到短视频已置顶显示，并带有"置顶"标记，如图5-84所示。

图5-82　点击"保存本地"
按钮

图5-83　点击"置顶"
按钮

图5-84　置顶短视频

课后练习

1. 结合本章所学知识，练习使用抖音App拍摄短视频。

2. 打开"素材文件\第5章\课后练习"文件，在抖音App中导入提供的视频素材，并进行简单的视频剪辑，然后发布短视频。

第 6 章　移动端短视频的后期制作

学习目标

- 熟悉剪映的工作界面。
- 掌握添加、处理与精剪视频素材的方法。
- 掌握添加与制作视频效果的方法。
- 掌握添加字幕与导出短视频的方法。
- 掌握剪映高级剪辑功能的使用方法。

技能目标

- 能够使用剪映对短视频进行精剪。
- 能够为短视频添加转场、音效、特效和字幕。
- 能够对短视频进行调色，设置封面、画面比例和背景样式。
- 能够进行曲线变速、视频抠像等高级剪辑操作。

素养目标

- 在工作中弘扬工匠精神，践行社会主义核心价值观。

　　当前，移动端短视频的制作工具层出不穷，它们功能强大，操作简便，可以帮助短视频创作者制作出高水准的短视频作品。剪映是由抖音官方推出的一款视频制作工具，带有全面的剪辑功能，拥有诸多滤镜和美颜效果，还有丰富的曲库资源，非常适合短视频创作新手和非专业人员使用。本章将学习如何使用剪映在移动端对视频素材进行后期制作。

6.1 熟悉剪映的工作界面

在剪映中导入素材后，即可进入剪辑工作界面。剪辑工作界面包括四个组成部分，分别是顶部工具栏、素材预览区域、时间轴区域和底部工具栏，如图6-1所示。

图6-1 剪辑工作界面

1. 顶部工具栏

顶部工具栏用于剪辑项目的退出和导出。点击⊠按钮，可以退出剪辑项目；点击⑦按钮，可以进入剪映帮助中心界面；点击 1080P▼ 按钮，可以设置导出短视频的分辨率和帧率；点击"导出"按钮，可以导出剪辑好的短视频。

2. 素材预览区域

素材预览区域用于实时预览画面，在时间轴区域拖动时间线，随着时间指针位于时间线的不同位置，素材预览区域会显示时间指针所在帧的画面。预览画面下方有一排图标，其中左侧为剪辑时间码 00:03 / 00:45 ，可以查看时间指针当前位置和短视频总时长；"播放"按钮▶用于预览短视频；"撤销"按钮⟲和"重做"按钮⟳用于操作失误时返回上一步操作和重做操作；"全屏"按钮⤢用于全屏预览短视频。

3. 时间轴区域

在使用剪映剪辑的过程中，90%以上的操作都是在时间轴区域内完成的。时间轴区域的顶部为时间线，用单指左右拖动可以移动时间范围并定位时间指针的位置，用两指向外拉伸或向内收缩可以放大或缩小时间刻度。

时间线下方为剪辑轨道，用于视频、音频、文本、贴纸及特效等素材的编辑。默认情况下，在时间轴区域只显示主轨道和主音频轨道，其他轨道（如画中画、文本轨道、特效轨道、调节轨道等）则折叠显示或者以气泡或彩色线条的形式出现在主轨道上方，如图6-2所示。

若要对其他轨道上的素材进行选择或编辑，用户可以点击素材缩览气泡或在底部工具栏中点击相应的工具按钮来展开轨道，例如点击"文字"按钮，将显示文本轨道，此时即可对其进行编辑，如图6-3所示。

图6-2 折叠显示轨道

图6-3 显示文本轨道

4. 底部工具栏

底部工具栏默认显示一级工具栏，其中包括"剪辑" ✂、"音频" ♪、"文字" T、"贴纸" ◔、"画中画" ▣、"特效" ✦ 等按钮，向左滑动还可浏览更多按钮，如"素材包" ▣、"一键包装" ▶、"滤镜" ◈、"比例" ▢、"背景" ▨、"调节" ◌ 等按钮，如图6-4所示。点击一级工具栏中的任意按钮（如点击"剪辑"按钮），即可进入该功能的二级工具栏，对素材进行相应的编辑操作。要返回一级工具栏，可以点击左侧的"返回"按钮 ◀，如图6-5所示。

图6-4 一级工具栏

图6-5 二级工具栏

6.2 视频素材的添加与处理

下面将介绍如何在剪映中添加与处理视频素材，包括添加视频素材并调整顺序、修剪视频素材、调整画面构图、设置视频倒放、调整播放速度、视频防抖等。

微课视频

[QR Code]

添加视频素材
并调整顺序

↘ 6.2.1 添加视频素材并调整顺序

短视频创作者在进行后期制作时，需要先将用到的视频素材导入剪映中，并根据需要调整各视频素材的播放顺序，具体操作方法如下。

步骤 01 在手机上启动剪映App，在下方点击"剪辑"按钮 ✂，然后点击"开始创作"按钮 +，如图6-6所示。

步骤 02 进入"添加素材"界面，在上方选择"照片视频"选项卡，点击视频素材右上方的选择按钮依次选中要添加的视频素材，如图6-7所示。

步骤 03 对于时长较长的视频素材，在添加时可以先对其进行裁剪。点击缩览图，进入视频预览界面，点击"裁剪"按钮 ✂，如图6-8所示。

图6-6 点击"开始创作"按钮

图6-7 选择视频素材

图6-8 点击"裁剪"按钮

步骤 04 拖动视频素材左右两侧的滑块裁剪视频素材，然后点击▼按钮，如图6-9所示。

步骤 05 点击"添加素材"按钮，将所选视频素材添加到主轨道上。继续添加其他视频素材，将时间指针定位到要添加的位置，然后点击主轨道右侧的+按钮，如图6-10所示。

步骤 06 进入"添加素材"界面，依次选择要添加的视频素材，在其右上方的选择按钮上会显示顺序编号，如图6-11所示。

图6-9 裁剪视频素材

图6-10 点击"添加素材"按钮

图6-11 选择视频素材

步骤 07 要调整视频素材的顺序，可以在下方长按缩览图并左右拖动进行顺序调整，然后点击"添加"按钮，如图6-12所示。

步骤 08 要在时间轴中调整视频素材的顺序，可以在时间轴中两指向内收缩缩小时间线，显示要调整顺序的视频素材，如图6-13所示。

步骤 09 长按要调整顺序的视频素材并左右拖动，即可调整视频素材的排列顺序，如图6-14所示。

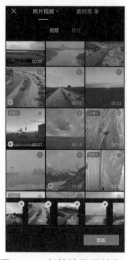

| 图6-12　长按缩览图并拖动 | 图6-13　缩小时间线 | 图6-14　调整视频素材顺序 |

6.2.2　修剪视频素材

将视频素材导入剪辑轨道后，需要对视频素材的时长进行修剪，删除多余的片段。修剪视频素材的具体操作方法如下。

微课视频

修剪视频素材

步骤 01 选中要修剪的视频素材，拖动时间线将时间指针定位到要分割视频素材的位置，然后点击"分割"按钮，如图 6-15 所示。

步骤 02 此时即可将视频素材分割为两段，选中右侧不需要的部分，点击"删除"按钮，如图 6-16 所示。

步骤 03 要进行精确修剪，可以双指向外拉伸放大时间线，然后将时间指针定位到要修剪的位置，拖动修剪滑块到时间指针位置即可，如图 6-17 所示。

| 图6-15　点击"分割"按钮 | 图6-16　点击"删除"按钮 | 图6-17　拖动修剪滑块 |

↘ 6.2.3 调整画面构图

通过对画面进行旋转、裁剪等操作，能让画面更饱满、被摄主体更突出。用户可以直接在预览区域或使用"编辑"功能调整画面构图，具体操作方法如下。

步骤 01 将时间指针定位到第二个视频素材中，点击"贴纸"按钮，如图 6-18 所示。

步骤 02 在弹出的界面中搜索贴纸，这里在搜索框中输入"线"，然后点击要添加的贴纸。将贴纸拖至画面中的地平线位置，使其与地平线对齐，如图 6-19 所示。

步骤 03 在轨道上将贴纸向左拖至第一个视频素材的下方。选中第一个视频素材，在预览区域用两指拉伸放大画面，使画面中的水平线与贴纸对齐，即可使第一个和第二个视频素材的水平线对齐，如图 6-20 所示。点击"删除"按钮，删除贴纸。

图6-18 点击"贴纸"按钮　　图6-19 搜索并添加贴纸　　图6-20 放大画面

步骤 04 选中第三个视频素材，在工具栏中点击"编辑"按钮，如图 6-21 所示。

步骤 05 在弹出的界面中点击"旋转"按钮，使画面旋转90°，如图 6-22 所示。

步骤 06 点击"镜像"按钮，使画面垂直翻转，如图 6-23 所示。

步骤 07 采用同样的方法，调整第五个视频素材的画面构图，如图 6-24 所示。

步骤 08 选中视频素材，点击"编辑"按钮，然后点击"裁剪"按钮，如图 6-25 所示。

步骤 09 进入画面裁剪界面，选择 16：9 比例，在预览区域用两指拉伸放大画面，然后拖动画面到合适的位置进行裁剪，点击✓按钮，如图 6-26 所示。

图6-21　点击"编辑"
按钮

图6-22　点击"旋转"
按钮

图6-23　点击"镜像"
按钮

图6-24　调整画面构图

图6-25　点击"裁剪"按钮

图6-26　调整裁剪画面

↘ 6.2.4　设置视频倒放

　　使用剪映的"倒放"功能可以让短视频从后向前进行播放。对指定的视频素材设置倒放，使其与后一个视频素材的运动方向保持一致，具体操作方法如下。

步　骤 01 选中要设置倒放的视频素材，点击"倒放"按钮⯈，如图 6-27 所示。

步　骤 02 此时，剪映开始设置视频倒放并显示进度，完成后点击"播放"按钮▷，预览倒放效果，如图 6-28 所示。

微课视频

设置视频倒放

图6-27　点击"倒放"按钮　　　　图6-28　预览倒放效果

↘ 6.2.5　调整播放速度

使用剪映的"变速"功能对视频素材的播放速度进行加速或减速调整，以把握短视频的整体节奏感，具体操作方法如下。

步骤 01 选中要调整播放速度的视频素材，点击"变速"按钮◎，如图 6-29 所示。

步骤 02 在弹出的界面中点击"常规变速"按钮，如图 6-30 所示。

步骤 03 弹出速度调整工具，向右拖动滑块调整速度为 1.5x，如图 6-31 所示，点击"播放"按钮▷预览画面效果，然后点击✓按钮。需要注意的是，调整播放速度会改变视频素材的时长。

图6-29　点击"变速"　　　图6-30　点击"常规变速"　　　图6-31　调整播放速度
　　　　按钮　　　　　　　　　　　　按钮

6.2.6　视频防抖

使用剪映的"防抖"功能可以消除短视频拍摄过程中带来的画面抖动，使画面变得平稳，增强用户的视觉体验。设置视频防抖的具体操作方法如下。

步骤 01　选中要设置视频防抖的视频素材，点击"防抖"按钮 ，如图 6-32 所示。

步骤 02　在弹出的界面中拖动滑块选择防抖程度，在此选择"推荐"选项，如图 6-33 所示，然后点击"播放"按钮 ，预览视频防抖效果。

步骤 03　添加"防抖"效果会对视频画面进行裁剪，"防抖"效果越好，画面裁剪就越多，选择"最稳定"选项，如图 6-34 所示，预览画面裁剪效果，然后点击 按钮。

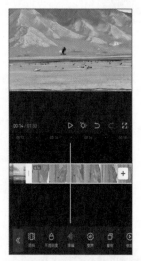
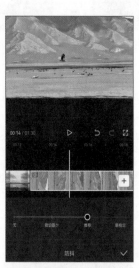
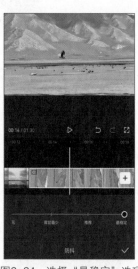

图6-32　点击"防抖"按钮　　　图6-33　选择"推荐"选项　　　图6-34　选择"最稳定"选项

6.3　视频素材的精剪

下面将介绍在短视频中添加背景音乐，并根据音乐踩点位置对视频素材的剪辑点进行精准调整，然后预览短视频整体效果，并对不合适的片段进行替换。

6.3.1　添加背景音乐并踩点

为短视频添加所需的背景音乐，并根据音乐节奏添加音乐踩点，然后设置"音乐淡出"效果，具体操作方法如下。

步骤 01　在主轨道左侧点击"关闭原声"按钮 ，关闭主轨道上所有视频素材的声音。点击"音频"按钮 ，然后点击"音乐"按钮 ，如图 6-35 所示。

步骤 02　进入"添加音乐"界面，可以按照音乐类型添加音乐，也可以添加推荐或收藏的音乐，还可以搜索音乐。在此点击界面上方的搜索框，如图6-36所示。

步骤 03 输入歌曲名搜索音乐，在搜索结果中点击音乐名称进行试听，找到要使用的音乐后点击"使用"按钮，如图6-37所示。

图6-35　点击"音乐"按钮

图6-36　点击搜索框

图6-37　试听音乐

步骤 04 此时，即可将音乐添加到音频轨道上。选中音乐，点击"踩点"按钮▦，如图6-38所示。

步骤 05 在弹出的界面中打开"自动踩点"开关按钮▬◯，点击"踩节拍│"按钮，将自动在音乐上添加踩点，如图6-39所示。

步骤 06 若添加的踩点不是所需的位置，可以设置手动添加。关闭"自动踩点"开关按钮◯▬，用两指拉伸放大时间线，然后将时间指针定位到歌词的开始位置，点击"添加点"按钮，即可添加踩点，如图6-40所示。

图6-38　点击"踩点"
按钮

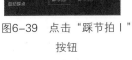
图6-39　点击"踩节拍│"
按钮

图6-40　点击"添加点"
按钮

步骤 07 采用同样的方法，根据音乐节奏在每句歌词的开始位置添加踩点，然后点击 ✔ 按钮，如图6-41所示。

步骤 08 选中音乐，点击"淡化"按钮 ▮▮，在弹出的界面中拖动滑块调整淡出时长，然后点击 ✔ 按钮，如图6-42所示。

步骤 09 将时间指针定位到音乐的结束位置，然后点击"播放"按钮 ▶，预览"音乐淡出"效果，如图6-43所示。

图6-41　手动添加踩点　　　图6-42　调整淡出时长　　　图6-43　预览"音乐淡出"
　　　　　　　　　　　　　　　　　　　　　　　　　　　　　　　　效果

↘ 6.3.2　根据音乐踩点修剪视频素材

根据音乐踩点位置对视频素材的剪辑点进行精准调整，具体操作方法如下。

微课视频

根据音乐踩点
修剪视频素材

步骤 01 选中第一个视频素材，向左拖动结束滑块，修剪视频素材的结束位置到第二个音乐踩点位置，如图6-44所示。采用同样的方法修剪其他视频素材，使视频素材的剪辑点与音乐踩点位置对齐。

步骤 02 在修剪视频素材时，还可以先将时间指针定位到音乐踩点位置，选中视频素材，点击"分割"按钮 ▮▮ 分割视频素材，然后删除不需要的视频素材，如图6-45所示。

步骤 03 修剪最后一个视频素材的结束位置，使其与音频结束位置对齐或略长于音频，如图6-46所示。

图6-44 修剪视频素材　　　　图6-45 分割视频　　　　图6-46 修剪视频素材

↘ 6.3.3 更换短视频片段

视频素材剪辑完成后，在预览区域预览短视频整体效果，对需要更换或重新修剪的短视频片段，可以使用"替换"功能一键完成短视频片段的更换，具体操作方法如下。

步骤 01 选中要替换的视频素材，在工具栏中点击"替换"按钮▢，如图 6-47 所示。

步骤 02 打开"替换素材"界面，选择要替换的视频素材，在此仍选择原素材，如图 6-48 所示。

步骤 03 打开预览界面，拖动时间线选择新的短视频片段，点击"确认"按钮，即可替换视频素材，如图 6-49 所示。此时，更换的视频素材会保持原素材中的效果。

微课视频

更换短视频
片段

图6-47 点击"替换"按钮　　图6-48 选择替换视频素材　　图6-49 选择短视频片段

6.4 视频效果的添加与制作

下面将介绍为短视频添加与制作视频效果，以实现不同的效果，包括添加转场效果，添加与编辑音效，合成画面效果，添加画面特效，以及短视频调色等。

微课视频

添加转场效果

↘ 6.4.1 添加转场效果

剪映为用户提供了多种多样的转场效果，在视频素材之间可以很方便地添加转场效果，使画面切换更流畅、更具艺术性，具体操作方法如下。

步骤 01 点击第一个和第二个视频素材之间的"转场"按钮 ，在弹出的界面中选择"基础转场"分类中的"叠化"转场，拖动滑块调整转场时长为0.5s，然后点击 按钮，如图6-50所示。

步骤 02 此时，即可查看"叠化"转场效果，前一个画面与后一个画面叠加，且前一个画面逐渐隐去，后一个画面逐渐清晰，如图6-51所示。在转场位置会出现一条斜线，表示两个画面之间有重叠，这会导致视频时长变短。

步骤 03 选中第一个视频素材，在转场位置可以看到一个三角形图标。向右拖动结束滑块，使三角形左侧的顶点与音乐踩点位置对齐，如图6-52所示。此时，即可使视频时长保持原样。

图6-50 选择"叠化"转场

图6-51 查看"叠化"转场效果

图6-52 修剪视频时长

步骤 04 点击"视频8"和"视频9"之间的"转场"按钮 ，在弹出的界面中选择"运镜转场"分类中的"向左"转场，调整时长为1.0s，然后点击 按钮，如图6-53所示。

步骤 05 添加转场效果后，可以看到两个视频素材之间的转场位置仍然为直线，表示该转场效果不会使两个画面重叠并缩短视频时长。前一个视频素材的转场效果中出现黑边，表示画面右侧没有布满全屏，如图6-54所示。

步骤 06 选中前一个视频素材，然后在预览区域用两指稍微放大画面，即可去除黑边，如图6-55所示。采用同样的方法，为其他视频素材添加所需的转场效果。

图6-53 选择"向左"
转场

图6-54 查看"向左"转场
转场效果

图6-55 放大画面

⬓ 6.4.2 添加与编辑音效

音效主要包括环境音效和特效音效,为短视频添加音效可以大大增加短视频的代入感和趣味感。在短视频中添加环境音效及视频原声音效,具体操作方法如下。

步骤 01 将时间指针定位到要添加音效的位置,点击"音频"按钮🎵,然后点击"音效"按钮🎵,如图 6-56 所示。

步骤 02 在弹出的界面中搜索"车窗雨",在搜索结果列表中选择所需的音效,点击"使用"按钮,如图 6-57 所示。

步骤 03 修剪音效的时长,使其与视频素材的时长保持一致,然后点击"音量"按钮🔊,如图 6-58 所示。

图6-56 点击"音效"按钮

图6-57 搜索音效

图6-58 点击"音量"按钮

步骤 **04** 在弹出的界面中向右拖动滑块增大音量，然后点击✅按钮，如图6-59所示。

步骤 **05** 点击"降噪"按钮，在弹出的界面中打开"降噪开关"按钮，降低噪声，然后点击✅按钮，如图6-60所示。

步骤 **06** 在轨道上选中视频素材，点击"音频分离"按钮，如图6-61所示。

图6-59 增大音量　　　　图6-60 开启降噪　　　　图6-61 点击"音频分离"
按钮

步骤 **07** 此时，即可将视频原声分离到音频轨道上。选中视频原声素材，点击"淡化"按钮，如图6-62所示。

步骤 **08** 在弹出的界面中调整淡出时长，然后点击✅按钮，如图6-63所示。

图6-62 点击"淡化"按钮　　图6-63 调整淡出时长

↘ 6.4.3 合成画面效果

微课视频

合成画面效果

使用"画中画"功能可以实现多视频同框或叠加，使用"混合模式"功能可以制作特殊的画面融合效果，使用"蒙版"功能可以遮挡部分画面。使用这三个功能制作云中闪电的画面效果，具体操作方法如下。

步骤 01 将时间指针定位到要制作画面效果的位置，点击"画中画"按钮圆，然后点击"新增画中画"按钮⊞，如图6-64所示。

步骤 02 进入"添加素材"界面，在上方选择"素材库"选项卡，其中提供了丰富的视频素材，如选择"空镜头"分类，即可查看相应的视频素材，如图6-65所示。

步骤 03 在上方搜索框中搜索"闪电"，在搜索结果中选择所需的视频素材，然后点击该视频素材，如图6-66所示。

图6-64 点击"新增画中画"
按钮

图6-65 选择"空镜头"
分类

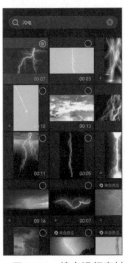

图6-66 搜索视频素材

步骤 04 此时，即可预览视频素材。点击★按钮收藏该素材，然后点击"裁剪"按钮✂，如图6-67所示。

步骤 05 进入"裁剪"界面，拖动视频素材左右两侧的起始滑块和结束滑块裁剪视频素材的时长，然后点击✓按钮，如图6-68所示。

步骤 06 点击"添加"按钮，添加画中画视频素材，然后点击"变速"按钮⏩，如图6-69所示。

步骤 07 点击"常规变速"按钮↗，在弹出的界面中调整速度为0.4x，然后点击✓按钮，如图6-70所示。

步骤 08 选中画中画视频素材，点击"混合模式"按钮⊡，如图6-71所示。

步骤 09 选择"滤色"模式，去除"闪电"素材的黑色背景，调整不透明度为80，然后点击✓按钮，如图6-72所示。

图6-67　点击"裁剪"按钮

图6-68　裁剪视频素材

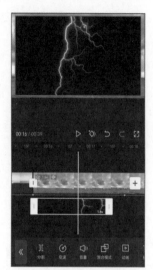

图6-69　点击"变速"按钮

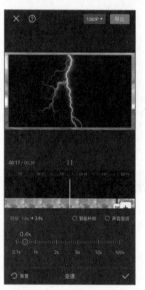

图6-70　调整速度

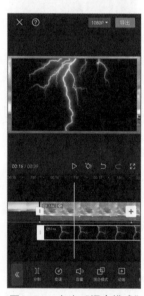

图6-71　点击"混合模式"
按钮

图6-72　选择"滤色"
模式

步骤 ⑩ 点击"蒙版"按钮◎，在弹出的界面中选择"圆形"蒙版◎，拖动蒙版上的控制柄调整蒙版的大小、角度和羽化程度，然后点击✓按钮，如图 6-73 所示。

步骤 ⑪ 将画中画视频素材分割为多段，然后删除不需要的片段，如图 6-74 所示。

步骤 ⑫ 选中画中画视频素材，在预览区域调整其大小、位置及角度，如图 6-75 所示。

图6-73　调整蒙版

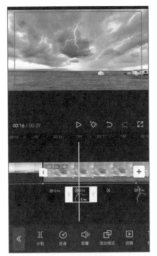

图6-74　分割并删除画中画
视频素材

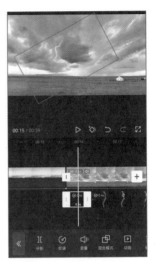

图6-75　调整画中画
视频素材

↘ 6.4.4　添加画面特效

剪映提供了非常丰富的画面特效，利用这些特效可以让画面瞬间变得炫酷、动感或梦幻。为短视频添加所需的画面特效，具体操作方法如下。

步骤 01 将时间指针拖动到轨道最左侧，点击"特效"按钮，然后点击"画面特效"按钮，如图 6-76 所示。

步骤 02 选择"基础"分类中的"开幕"特效，然后点击✔按钮，如图 6-77 所示。

步骤 03 调整"开幕"特效的时长，以控制"开幕"的速度，如图 6-78 所示。

图6-76　点击"画面特效"
按钮

图6-77　选择"开幕"
特效

图6-78　调整"开幕"
特效时长

步骤 04 采用同样的方法，在短视频的结尾添加"闭幕"特效，如图6-79所示。

步骤 05 继续在短视频的结尾添加画面特效，选择"基础"分类中的"曝光降低"特效，点击"调整参数"按钮，拖动滑块调整速度，点击✓按钮，如图6-80所示。

步骤 06 调整"曝光降低"特效的时长和位置，如图6-81所示。

图6-79　添加"闭幕"特效　　图6-80　添加"曝光降低"　　图6-81　调整"曝光降低"
　　　　　　　　　　　　　　　　　特效　　　　　　　　　特效的时长和位置

步骤 07 继续在短视频的结尾添加画面特效，选择"自然"分类中的"大雪"特效，点击"调整参数"按钮，调整速度和透明度参数，点击✓按钮，如图6-82所示。

步骤 08 调整"大雪"特效的时长，使其与最后一个视频素材的时长保持一致。在预览区域可以看到，在画面"闭幕"过程中，"大雪"特效应用到了画面外。选中"闭幕"特效，点击"作用对象"按钮，如图6-83所示。

步骤 09 在弹出的界面中点击"全局"按钮，然后点击✓按钮，如图6-84所示。

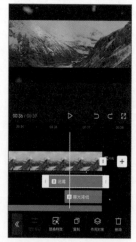
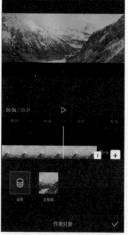

图6-82　添加"大雪"特效　　图6-83　点击"作用对象"按钮　　图6-84　点击"全局"按钮

↘ 6.4.5 短视频调色

使用滤镜和调节功能对短视频进行调色，为短视频制作特殊的画面效果，并使各画面的色调保持统一，具体操作方法如下。

微课视频

短视频调色

步骤 01 将时间指针拖动到合适的位置，在一级工具栏中点击"滤镜"按钮，如图6-85所示。

步骤 02 在弹出的界面中选择"复古胶片"分类中的"贝松绿"滤镜，拖动滑块调整滤镜强度为80，然后点击✓按钮，如图6-86所示。

步骤 03 点击"调节"标签，然后点击"饱和度"按钮，拖动滑块调整饱和度为−10，降低画面色彩的鲜艳程度，如图6-87所示。

图6-85 点击"滤镜"按钮

图6-86 选择滤镜

图6-87 调整饱和度

步骤 04 点击"高光"按钮，拖动滑块调整高光为−15，降低画面高光区域的亮度，如图6-88所示。

步骤 05 点击"色调"按钮，拖动滑块调整色调为15，增加冷色，如图6-89所示。

步骤 06 点击"褪色"按钮，拖动滑块调整褪色为15，减淡画面颜色，如图6-90所示。

步骤 07 点击"暗角"按钮，拖动滑块调整暗角为5，降低画面边缘的亮度，如图6-91所示。点击✓按钮，即可完成画面整体调色。

步骤 08 拖动时间线，预览其他画面的调色效果，如图6-92所示。

步骤 09 对调色效果不满意的视频素材进行单独调色。选中视频素材，点击"调节"按钮，如图6-93所示。

图6-88 调整高光

图6-89 调整色调

图6-90 调整褪色

图6-91 调整暗角

图6-92 预览调色效果

图6-93 点击"调节"按钮

步骤⑩ 在弹出的界面中点击"阴影"按钮◉，拖动滑块调整阴影为20，增加画面暗部的亮度，如图6-94所示。

步骤⑪ 点击"光感"按钮◉，拖动滑块调整光感为−30，如图6-95所示。光感用于模拟自然光，可以改变画面内部的结构亮度，让曝光过渡得更加自然。

步骤⑫ 点击HSL按钮，在弹出的界面中点击"蓝色"按钮◼，将蓝色向青色调整，并降低亮度，然后点击◉按钮，如图6-96所示。点击✔按钮，即可完成单个视频素材的调色。

图6-94 调整阴影

图6-95 调整光感

图6-96 调整蓝色

6.5 添加字幕与导出短视频

短视频的主要剪辑工作完成后，最后在短视频中添加必要的字幕，并将短视频导出到手机相册。

微课视频

添加与编辑字幕

↘ 6.5.1 添加与编辑字幕

为短视频添加歌词字幕，并设置字幕格式，具体操作方法如下。

步骤 01 点击"文字"按钮**T**，然后点击"识别歌词"按钮，如图 6-97 所示。

步骤 02 在弹出的界面中点击"开始识别"按钮，将会自动识别背景音乐歌词，如图 6-98 所示。

步骤 03 查看自动识别的歌词文本，选中歌词文本，点击"批量编辑"按钮，如图 6-99 所示。

步骤 04 在弹出的界面中可以对自动识别的歌词文本进行快速编辑，点击歌词文本即可快速跳转到相应的位置，如图 6-100 所示。

步骤 05 再次点击歌词文本，可以对识别有误的歌词文本进行修改，然后点击✓按钮，如图 6-101 所示。

步骤 06 选中第一个歌词文本，将时间指针拖动至要分割的位置，然后点击"分割"按钮，如图 6-102 所示。

图6-97　点击"识别歌词"按钮

图6-98　开始识别歌词

图6-99　点击"批量编辑"按钮

图6-100　点击歌词文本

图6-101　修改歌词文本

图6-102　点击"分割"按钮

步骤 **07** 选中分割后右侧的歌词文本，点击"编辑"按钮 Aa，如图6-103所示。

步骤 **08** 在弹出的界面中编辑歌词文本，根据背景音乐只保留后四个字，然后点击 ✓ 按钮，如图6-104所示。采用同样的方法，编辑其他歌词文本。

步骤 **09** 选中第一个歌词文本，点击"编辑"按钮 Aa，在弹出的界面中将歌词文本拖动至画面的中心位置，点击"字体"按钮，选择所需的字体，如图6-105所示。

步骤 **10** 点击"样式"按钮，点击"描边"标签，点击 ⊘ 按钮取消描边，如图6-106所示。

步骤 **11** 点击"阴影"标签，设置阴影颜色，调整"透明度"参数，如图6-107所示。

步骤 **12** 点击"排列"标签，调整"字间距"参数，如图6-108所示。为歌词文本设置字体和样式后，默认会将其应用到所有歌词文本中。

图6-103　点击"编辑"按钮

图6-104　编辑歌词文本

图6-105　选择字体

图6-106　取消描边

图6-107　设置阴影样式

图6-108　调整字间距

步骤 13 点击"动画"按钮，然后点击"入场动画"按钮，选择"逐字翻转"动画，调整动画时长为 1.0s，然后点击☑按钮，如图 6-109 所示。

步骤 14 修剪第二个歌词文本的结束滑块到下一个歌词文本的开始位置，点击"编辑"按钮Aa，如图 6-110 所示。

步骤 15 点击"动画"按钮，然后点击"入场动画"按钮，选择"音符弹跳"动画，调整动画时长为 1.8s，如图 6-111 所示。

步骤 16 点击"出场动画"按钮，选择"向上飞出"动画，调整动画时长为 0.6s，点击☑按钮，如图 6-112 所示。采用同样的方法，为其他歌词文本添加不同的动画效果。

步骤 17 在文本轨道上选中歌词文本"我能"，点击"复制"按钮▣复制歌词文本。选中复制的歌词文本，点击"编辑"按钮Aa，如图 6-113 所示。

步骤 ⑱ 在弹出的界面中取消选择"应用到所有歌词"单选按钮，根据需要调整字号大小和不透明度，然后点击✔按钮，如图 6-114 所示。

图6-109　设置入场动画

图6-110　点击"编辑"按钮

图6-111　设置入场动画

图6-112　设置出场动画

图6-113　点击"编辑"按钮

图6-114　设置文本样式

↘ 6.5.2　设置封面并导出视频

为剪辑好的短视频设置封面并导出视频，具体操作方法如下。

步骤 ① 点击轨道左侧的"设置封面"按钮，如图 6-115 所示。

步骤 ② 在弹出的界面中拖动时间线选择要设为封面的画面，然后点击"封面模板"按钮⊡，如图 6-116 所示。

步骤 ③ 在弹出的界面中选择"Vlog/旅行"分类，选择要使用的模板，然后点击✔按钮，如图 6-117 所示。

微课视频

设置封面并导出视频

图6-115　点击"设置封面"　　　图6-116　点击"封面模板"　　　图6-117　选择封面
　　　　　　按钮　　　　　　　　　　　　按钮　　　　　　　　　　　　模板

步骤 04 点击封面文字，根据需要修改封面文字内容，然后点击"保存"按钮，如图 6-118 所示。

步骤 05 点击界面右上方的 1080P 按钮，在弹出的界面中调整分辨率为1080p，调整帧率为 30，如图 6-119 所示。

步骤 06 设置完成后，点击"导出"按钮，即可将短视频导出到手机相册。根据需要选择将短视频分享到抖音或西瓜视频，点击"完成"按钮，如图 6-120 所示。

图6-118　修改封面文字　　　图6-119　调整分辨率和帧率　　　图6-120　分享视频

6.5.3　更改画面比例和背景样式

短视频制作完成后，用户可以根据需要更改画面的比例，如抖音短视频常用的

9：16竖屏比例，微信朋友圈视频常用的16：9横屏比例等。在更改画面比例后，常常需要对短视频的背景样式进行设置。

微课视频

更改画面比例和
背景样式

更改画面比例和背景样式，具体操作方法如下。

步骤 01 新建项目，将导出的短视频重新导入剪映中，在工具栏中点击"比例"按钮▣，如图6-121所示。

步骤 02 在弹出的界面中选择所需的比例，在此选择9：16，在预览区域可以看到画面已变为9：16竖屏比例，画面居中显示，上下为黑色背景，如图6-122所示。

步骤 03 返回一级工具栏，点击"背景"按钮▨，在弹出的界面中提供了三种添加背景的方式，在此点击"画布模糊"按钮◐，如图6-123所示。

图6-121　点击"比例"
按钮

图6-122　选择比例

图6-123　点击"画布
模糊"按钮

步骤 04 在弹出的界面中可以看到画布背景变为当前画面，选择所需的模糊程度，然后点击✓按钮，如图6-124所示。

步骤 05 除了设置"画布模糊"背景外，还可以利用"画中画"功能设置背景。选中视频素材，点击"复制"按钮▣，如图6-125所示。

步骤 06 选中复制后左侧的视频素材，点击"切画中画"按钮✂，如图6-126所示。

步骤 07 选中主轨道上的视频素材，在预览区用两指向外拉伸放大画面至全屏。在工具栏中点击"不透明度"按钮◓，如图6-127所示。

步骤 08 在弹出的界面中向左拖动滑块减小不透明度，点击✓按钮，如图6-128所示。

步骤 09 返回一级工具栏，点击"背景"按钮▨，然后点击"画布颜色"按钮◈，在弹出的界面中选择颜色，即可更改画布的颜色，如图6-129所示。

图6-124　选择模糊程度

图6-125　点击"复制"
按钮

图6-126　点击"切画中画"
按钮

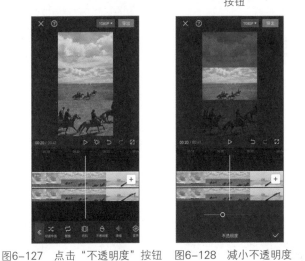

图6-127　点击"不透明度"按钮　图6-128　减小不透明度　图6-129　更改画布的颜色

6.6　剪映高级剪辑功能的应用

下面将详细介绍剪映中一些高级剪辑功能的使用方法，包括"曲线变速"功能、"视频抠像"功能、"关键帧"功能和"动画"功能。

6.6.1　曲线变速

使用剪映的"曲线变速"功能可以在短视频片段的不同位置设置播放速度，使短视频播放时忽快忽慢，实现音乐卡点或画面之间的无缝衔接，具体操作方法如下。

步骤 01 将视频素材导入剪映中，点击"音频"按钮，然后点击"提取音乐"按钮，如图 6-130 所示。

微课视频

曲线变速

115

步骤 02 在弹出的界面中选择包含所需音乐的视频素材，然后点击"仅导入视频的声音"按钮，如图 6-131 所示。

步骤 03 此时，即可将视频素材中的背景音乐导入音频轨道上。选中视频素材，点击"变速"按钮◎，然后点击"曲线变速"按钮◎，如图 6-132 所示。

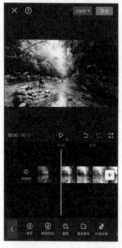

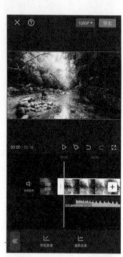

图6-130　点击"提取音乐"按钮　　图6-131　仅导入声音　　图6-132　点击"曲线变速"按钮

步骤 04 在弹出的界面中选择"自定"选项，然后点击"点击编辑"按钮◎，如图 6-133 所示。

步骤 05 拖动时间指针到要变速的位置，点击"添加点"按钮，即可添加一个控制点，向上拖动控制点增大速度，如图 6-134 所示。

步骤 06 根据背景音乐的节奏继续添加控制点，并调整各控制点的速度，然后点击✓按钮，如图 6-135 所示。

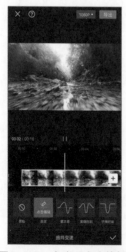
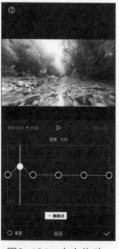
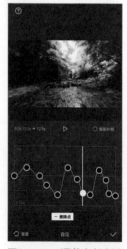

图6-133　点击"点击编辑"　　图6-134　向上拖动　　图6-135　调整各控制点
　　　　　按钮　　　　　　　　控制点增大速度　　　　　　的速度

6.6.2　视频抠像

使用视频抠像功能可以进行画面合成，在剪映中有两种视频抠像功能，分别为"智能抠像"和"色度抠图"，下面将分别对其进行介绍。

1. 使用"智能抠像"功能

使用"智能抠像"功能可以一键将画面中的被摄主体单独抠取出来。下面使用该功能将人物视频素材合成到不同的场景中，具体操作方法如下。

步骤 01 导入夕阳风景视频素材，在工具栏中点击"画中画"按钮▣，然后点击"新增画中画"按钮➕，如图6-136所示。

步骤 02 将人物视频素材导入画中画轨道，选中该视频素材，然后点击"智能抠像"按钮▧，如图6-137所示。

步骤 03 此时即可开始进行智能抠像，等待处理完成，即可预览画面合成效果，如图6-138所示。

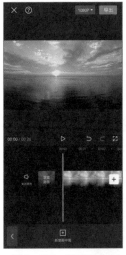

图6-136　新增画中画　　图6-137　智能抠像　　图6-138　预览画面合成效果

2. 使用"色度抠图"功能

使用"色度抠图"功能可以吸取单色背景视频素材中的背景颜色，并将其从画面中抠除，使视频素材的背景变为透明，这样画面中的被摄主体就可以与下层轨道上的画面进行合成，具体操作方法如下。

步骤 01 在主轨道上导入海底光线视频素材，在工具栏中点击"画中画"按钮▣，然后点击"新增画中画"按钮➕，如图6-139所示。

步骤 02 将鲸鱼绿幕视频素材导入画中画轨道，选中该视频素材，然后点击"色度抠图"按钮◉，如图6-140所示。

步骤 03 在弹出的界面中点击"取色器"按钮◉，然后拖动色环工具，选取画面中的背景颜色，如图6-141所示。

图6-139　新增画中画

图6-140　色度抠图

图6-141　选取背景颜色

步骤 04 点击"强度"按钮，拖动滑块调整抠除绿幕背景的强度，如图 6-142 所示。

步骤 05 点击"阴影"按钮，拖动滑块调整阴影的不透明度，让画面中的被摄主体边缘变得饱满，点击按钮，如图 6-143 所示。若效果不够彻底，可以再次进行上述操作。

图6-142　调整强度

图6-143　调整阴影

↘ 6.6.3　关键帧

关键帧的作用是记录轨道视频素材的所有关键信息。通过在轨道上为视频素材添加关键帧，可以在视频素材上实现各种动画效果，如位置移动、画面大小缩放、滤镜强弱变化、蒙版变化、音量大小变化、不透明度变化等。

下面使用"关键帧"功能制作运动动画，具体操作方法如下。

步骤 01 选中画中画视频素材，点击"变速"按钮，然后点击"常规变速"按钮，在弹出的界面中调整速度为 1.5x，然后点击按钮，如图 6-144 所示。

微课视频

制作"关键帧"动画

118

步骤 02 将时间指针定位到画中画视频素材长度的中间位置，然后在时间线上方点击"添加关键帧"按钮◇，添加一个关键帧，如图6-145所示。

步骤 03 将时间指针移至画中画视频素材的开始位置，将鲸鱼拖至画面左下方，由于画面发生了运动，此时会自动添加关键帧，如图6-146所示。采用同样的方法，在画中画视频素材的结束位置将鲸鱼从画面右侧移出，即可完成鲸鱼运动动画的制作。

图6-144　调整速度

图6-145　添加关键帧

图6-146　调整鲸鱼位置

⌄ 6.6.4 动画

使用剪映的"动画"功能可以为短视频添加各种动画效果，包括入场动画、出场动画和组合动画3种类型。通过添加动画效果可以让画面更具动感，让视频素材之间的转场变得生动、流畅。

通过添加出场动画制作"画面分割"转场效果，具体操作方法如下。

微课视频

使用"动画"功能

步骤 01 导入两段视频素材，对第一段视频素材的结束位置进行分割，并修剪视频时长为1.0s，然后点击"切画中画"按钮✂，如图6-147所示。

步骤 02 选中画中画视频素材，点击"蒙版"按钮◉，在弹出的界面中点击"线性"蒙版，在预览区域旋转蒙版角度，然后点击✓按钮，如图6-148所示。

步骤 03 点击"复制"按钮▣，复制画中画视频素材，并将复制的画中画视频素材拖至下层轨道，点击"蒙版"按钮◉，在弹出的界面中点击"反转"按钮▮▮，然后点击✓按钮，如图6-149所示。

步骤 04 选中上层轨道画中画视频素材，点击"动画"按钮▶，然后点击"出场动画"按钮◀，如图6-150所示。

步骤 05 在弹出的界面中选择"向左滑动"出场动画，拖动滑块调整时长为1.0s，然后点击✓按钮，如图6-151所示。

步骤 06 采用同样的方法，为下层轨道画中画视频素材添加"向右滑动"出场动画，在预览区域预览"画面分割"转场效果，如图6-152所示。

图6-147　点击"切画中画"按钮

图6-148　调整线性蒙版

图6-149　反转蒙版

图6-150　点击"出场动画"
按钮

图6-151　选择"向左滑动"
出场动画

图6-152　预览转场效果

课后练习

1. 打开"素材文件\第6章\课后练习\剪辑"文件，将视频素材导入剪映，参照本章讲解的知识制作一条音乐短视频。

2. 在剪映中导入"素材文件\第6章\课后练习\变速"文件，将视频素材导入剪映，制作变速卡点短视频。

3. 在剪映中导入"素材文件\第6章\课后练习\转场"文件，将视频素材导入剪映，利用画中画、特效、关键帧、动画等功能制作"拍照式"转场效果。

第 7 章 PC端短视频的后期制作

学习目标

- 掌握导入与整理素材的方法。
- 掌握剪辑短视频的流程和方法。
- 掌握为短视频设置不同视频效果的方法。
- 掌握为短视频编辑音频和文本的方法。
- 掌握为短视频调色的方法。

技能目标

- 能够使用Premiere对短视频进行各种剪辑操作。
- 能够为短视频制作动画、变速、转场效果。
- 能够为短视频添加音频和文本。
- 能够根据需要对短视频进行调色。

素养目标

- 发挥敬业精神，树立正确的价值观。

　　Premiere作为一款非线性视频制作软件，在短视频后期制作领域也是应用非常广泛的工具。它拥有强大的视频制作能力，可以充分发挥使用者的创造能力，比较适合专业人员使用。本章将学习如何使用Premiere在PC端进行短视频的后期制作。

7.1　熟悉Premiere工作区

熟练掌握Premiere工作区的使用方法能提高工作效率。下面将介绍如何在Premiere CC 2019中新建项目，以及Premiere工作区常用面板的功能。

1. 新建项目

使用Premiere制作短视频之前，要先创建一个项目文件，项目文件用于保存序列和资源有关的信息。

单击"文件"|"新建"|"项目"命令或按【Ctrl+Alt+N】组合键，弹出"新建项目"对话框，如图7-1所示。在"名称"文本框中输入项目名称，单击"位置"下拉列表框右侧的"浏览"按钮，设置项目文件的保存位置，单击"确定"按钮，即可新建一个项目文件，在窗口标题栏中会显示项目文件的保存位置和名称，如图7-2所示。

 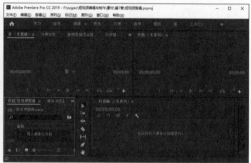

图7-1　"新建项目"对话框　　　　　　　图7-2　新项目窗口

2. 认识工作区

Premiere提供了多种工作区布局，包括"编辑""组件""颜色""效果""音频""图形"等工作区，每种工作区都根据不同的剪辑需求对工作面板进行了不同的设定和排布。

（1）"编辑"工作区

"编辑"工作区是Premiere的默认工作区，其布局如图7-3所示。如果工作区布局经过用户手动调整或者工作区显示不正常，可以在上方用鼠标右键单击"编辑"工作区标签，在弹出的快捷菜单中选择"重置为已保存的布局"命令；也可单击"窗口"|"工作区"|"重置为已保存的布局"命令来恢复工作区的原样。在"编辑"工作区中单击工作面板，工作面板就会显示蓝色高亮的边框，表示当前面板处于活动状态。

图7-3　"编辑"工作区

（2）"项目"面板

"项目"面板用于存放导入的素材文件，素材类型可以是视频、音频、图片等，如图7-4所示。单击"项目"面板左下方的"图标视图"按钮■，切换到图标视图，可以预览素材信息。拖动视频素材缩略图下方的滑块，或者将鼠标指针悬停在缩略图上并左右滑动，可以预览画面。

单击"项目"面板右下方的"新建项"按钮■，在弹出的菜单中可以创建"序列""调整图层""黑场视频""颜色遮罩"等项目，如图7-5所示。

图7-4　"项目"面板　　　　　　图7-5　单击"新建项"按钮

（3）"源"面板

双击"项目"面板中的视频素材，可以在"源"面板中进行预览，如图7-6所示。在预览视频素材时，按【L】键，视频素材将会快进一帧；按【K】键，可以暂停播放；按【J】键，视频素材将会后退一帧；多次按【L】或【J】键，可以执行快进或快退操作；按空格键，可以播放或暂停播放视频素材。

单击"选择回放分辨率"下拉按钮，会弹出分辨率调整数值下拉列表，其作用是当预览视频素材发生卡顿时可以选择降低分辨率数值，以流畅地预览视频素材内容。

通过单击面板下方工具栏中的按钮可以对视频素材进行相关操作，如添加标记、标记入点、标记出点、转到入点、后退一帧、播放/停止、前进一帧、转到出点、插入、覆盖、导出帧等。

单击面板右下方的"按钮编辑器"按钮➕，在弹出的面板中可以管理工具栏中的按钮，方法为将按钮拖入工具栏或者从工具栏拖出按钮，如图7-7所示。用鼠标右键单击画面，在弹出的快捷菜单中也可以对视频素材进行更多操作。

（4）"时间轴"面板

在视频剪辑过程中大部分的工作是在"时间轴"面板中完成的。剪辑轨道分为视频轨道和音频轨道，视频轨道的表示方式是V1、V2、V3等，音频轨道的表示方式是A1、A2、A3等，如图7-8所示。

如果需要增加轨道数量，可以用鼠标右键单击轨道的空白处，在弹出的快捷菜单中选择"添加轨道"命令，将弹出"添加轨道"对话框，从中设置添加轨道的数量和位置，然后单击"确定"按钮即可，如图7-9所示。

图7-6 "源"面板

图7-7 管理工具栏中的按钮

图7-8 "时间轴"面板

图7-9 "添加轨道"对话框

（5）"节目"面板

"节目"面板用于预览输出成片的序列，该面板左上方显示当前序列名称，如图7-10所示。

（6）"工具"面板

"工具"面板（见图7-11）主要用于编辑时间线上的素材。下面对常用工具的功能进行简要介绍。

图7-10 "节目"面板

图7-11 "工具"面板

● 选择工具 ▶：用于对时间线上的素材进行选择并调整，如修剪素材、移动位置等。在选择素材时，按住【Shift】键可以进行多选操作。

● 向前选择轨道工具▦/向后选择轨道工具▦：用于选择箭头方向上的全部素材，以进行整体内容的位置调整。

● 波纹编辑工具▦：用于调节素材的时长。将素材的时长缩短或拉长时，该素材后方的所有素材会自动跟进。

● 滚动编辑工具▦：用于改变相邻素材的出点和入点，不会对其他素材造成影响。

● 比率拉伸工具▦：用于调整素材的播放速度。

● 剃刀工具▦：用于裁剪素材，按住【Shift】键的同时使用该工具可以裁剪多个轨道上的素材。

● 外滑工具▦：用于改变素材的内容，而不影响其时长。

● 内滑工具▦：使用该工具左右移动中间的素材，此素材不变，左右两边的素材改变，且序列的总体时长不变。

7.2　导入与整理素材

下面将介绍如何在Premiere项目中导入素材，并对项目中的素材进行整理。

↘ 7.2.1　在项目中导入素材

在Premiere项目中导入素材的方法有3种，分别为使用"媒体浏览器"导入，使用"导入"对话框导入，以及将素材拖入"项目"面板。

1. 使用"媒体浏览器"导入

要制作短视频，首先要将用到的素材导入Premiere项目中。选择"媒体浏览器"面板，从中浏览要在项目中使用的素材，双击素材，可以在"源"面板中预览素材，以查看是否要使用它。选择要导入的素材并用鼠标右键单击，在弹出的快捷菜单中选择"导入"命令（见图7-12），即可将所选素材导入"项目"面板中，如图7-13所示。

微课视频

在项目中导入
素材

图7-12　选择"导入"命令

图7-13　导入素材

2. 使用"导入"对话框导入

在"项目"面板的空白位置双击或按【Ctrl+I】组合键，弹出"导入"对话框，选择要导入的素材，然后单击"打开"按钮即可，如图7-14所示。

3. 将素材拖入"项目"面板

将要导入的素材直接拖入"项目"面板中，即可导入素材，如图7-15所示。如果拖入的是文件夹，会在"项目"面板自动生成相应的素材箱。

图7-14　　"导入"对话框　　　　　　　图7-15　将素材拖入"项目"面板

需要注意的是，"项目"面板中的素材实际上是媒体文件的链接，而不是媒体文件本身。在"项目"面板中修改素材名称或者在时间轴中对素材进行修剪，不会对媒体文件本身造成影响。

↘ 7.2.2　整理素材

使用Premiere制作短视频时，一般会用到多种类型的素材，为了让这些素材保持良好的组织性，提高剪辑效率，需要对其进行整理，例如使用素材箱整理素材，使用标签颜色标识素材，在素材中添加标记等。

微课视频

整理素材

1. 使用素材箱整理素材

在"项目"面板中创建素材箱后，就可以像Windows系统中的文件夹一样管理导入的素材文件，对素材进行分类和整理，方法为：在"项目"面板中单击右下方的"新建素材箱"按钮，创建素材箱，然后输入名称。选中要添加到素材箱中的文件，将其拖至素材箱中即可，如图7-16所示。

用户还可以选中要添加到素材箱的文件，将其拖至"项目"面板右下方的"新建素材箱"按钮上，为所选文件创建素材箱，如图7-17所示。

图7-16　将素材拖至素材箱中　　　　图7-17　将素材拖至"新建素材箱"按钮上

双击素材箱，会在一个新的面板中显示其中的文件，可以看到它与"项目"面板具

有相同的面板选项，如图7-18所示。要更改素材箱的打开方式，可以在菜单栏中单击"编辑"|"首选项"|"常规"命令，弹出"首选项"对话框，在"双击"下拉列表框中选择所需的打开方式即可，如图7-19所示。

图7-18　"素材箱"面板

图7-19　设置素材箱打开方式

2. 使用标签颜色标识素材

使用标签功能可以对"项目"面板"标签"列和"时间轴"面板中的素材进行颜色标识。单击"编辑"|"首选项"|"标签"命令，在弹出的对话框中可以看到各种颜色的标签，用户可以根据需要重新设置标签名称和标签颜色。例如，根据景别、拍摄地点、时间、视频的各个部分等来设置标签名称，然后单击"确定"按钮，如图7-20所示。

在"项目"面板中选中要设置标签的素材，然后用鼠标右键单击所选素材，在弹出的快捷菜单中选择"标签"|"深青色"命令，即可设置标签颜色，如图7-21所示。设置标签颜色后，在"项目"面板的"标签"列可以看到设置的标签颜色，或者将素材从"项目"面板添加到"时间轴"面板后，也可以看到设置的标签颜色。

图7-20　设置标签名称

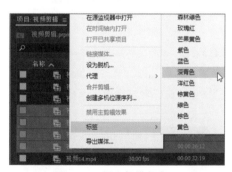

图7-21　设置标签颜色

在"项目"面板上方单击搜索框右侧的"创建搜索素材箱"按钮，在弹出的对话框中设置搜索类型为"标签"，设置查找条件为"深青色"，然后单击"确定"按钮（见图7-22），即可为深青色标签的素材自动创建素材箱。

在"时间轴"面板中用鼠标右键单击素材，在弹出的快捷菜单中选择"标签"命令，然后在其子菜单中选择所需的颜色，如图7-23所示。

图7-22　创建搜索素材箱　　　　　　图7-23　选择标签颜色

3. 在素材中添加标记

在短视频制作过程中，经常需要为素材添加标记，使用标记来放置和排列素材，如标记序列或素材中重要的动作或声音。为素材添加标记的具体操作方法如下。

步骤 **01** 在"项目"面板中双击"视频14"素材，在"源"面板中预览素材，将时间线定位到要添加标记的位置，然后单击"添加标记"按钮或按【M】键，即可添加一个标记，如图7-24所示。

步骤 **02** 按住【Alt】键的同时拖动标记，即可划分标记范围，如图7-25所示。

图7-24　添加标记　　　　　　　　图7-25　划分标记范围

步骤 **03** 在"源"面板中双击标记，在弹出的对话框中输入标记名称和注释，并选择标记颜色，然后单击"确定"按钮，如图7-26所示。

步骤 **04** 此时，即可查看添加的标记效果，如图7-27所示。

图7-26　设置标记　　　　　　　　图7-27　查看添加的标记效果

7.3 剪辑短视频

下面通过剪辑一个短视频介绍使用Premiere制作短视频的基本操作,包括创建与设置序列,将素材添加到序列,粗剪短视频,调整剪辑点,调整播放速度,调整画面构图,以及导出短视频等。

↘ 7.3.1 创建与设置序列

创建序列主要有3种方法,分别是使用序列预设,创建自定义序列,以及从剪辑新建序列。

1. 使用序列预设

创建序列时,用户可以从标准序列预设中进行选择,方法为:按【Ctrl+N】组合键打开"新建序列"对话框,选择"序列预设"选项卡,其中包含了适合大多数典型序列类型的正确设置,右侧为它们的相关描述。

在选择序列预设时,应先选择机型/格式,然后选择分辨率,最后选择帧率。例如,先选择AVCHD(基于MPEG-4 AVC/H.264视频编码)类型,然后选择1080p分辨率,最后选择"AVCHD 1080p25"序列预设,如图7-28所示。在下方输入序列名称,单击"确定"按钮,即可创建序列。

2. 创建自定义序列

在"新建预设"对话框中选择"设置"选项卡,在"编辑模式"下拉列表框中选择"自定义"选项,然后自定义"时基""帧大小""像素长宽比""场"等参数,如图7-29所示。设置完成后,单击"确定"按钮。

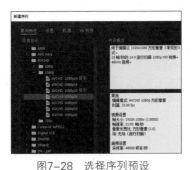

图7-28 选择序列预设

图7-29 创建自定义序列

3. 从剪辑新建序列

从剪辑新建序列不会弹出"新建序列"对话框,Premiere会将视频素材的参数作为序列的主要参数,方法为:用鼠标右键单击视频素材,在弹出的快捷菜单中选择"从剪辑新建序列"命令,如图7-30所示。将视频素材拖至"项目"面板右下方的"新建项"按钮■上,也可新建序列,如图7-31所示。

创建序列时,序列设置必须正确。要改变当前序列设置,可以在"时间轴"面板中选中序列,然后在菜单栏中单击"序列"|"序列设置"命令,在弹出的"序列设置"对话框中设置各项序列参数即可。

图7-30　选择"从剪辑新建序列"命令　图7-31　将视频素材拖至"新建项"按钮上

↘ 7.3.2　将素材添加到序列

下面将介绍如何将素材添加到序列中，具体操作方法如下。

微课视频

将素材添加到
序列

步骤 **01** 按【Ctrl+N】组合键打开"新建序列"对话框，选择"设置"选项卡，在"编辑模式"下拉列表框中选择"自定义"选项，设置"时基"为 25.00 帧 / 秒，"帧大小"为"720 水平""1280 垂直"，"像素长宽比"为"方形像素（1.0），如图 7-32 所示。设置完成后，单击"确定"按钮。

步骤 **02** 在"项目"面板中将"视频 1"素材拖至"时间轴"面板的序列中，在弹出的对话框中单击"保持现有设置"按钮，如图 7-33 所示。

图7-32　"新建序列"对话框　　　　　图7-33　单击"保持现有设置"按钮

步骤 **03** 选中"视频 1"剪辑并用鼠标右键单击该剪辑，在弹出的快捷菜单中选择"取消链接"命令，如图 7-34 所示。

步骤 **04** 选中音频剪辑，按【Delete】键删除与视频剪辑链接的音频剪辑，如图 7-35 所示。

图7-34　选择"取消链接"命令　　　　图7-35　删除音频剪辑

步骤 05 在"项目"面板中双击"视频2"素材，在"源"面板中预览素材，从左下方的时间码中可以看出当前时间码不是从0开始的，如图7-36所示。

步骤 06 打开"首选项"对话框，在左侧选择"媒体"选项，在右侧的"时间码"下拉列表中选择"从00:00:00:00开始"选项，然后单击"确定"按钮，如图7-37所示。

图7-36　查看时间码

图7-37　设置时间码

步骤 07 将时间线定位到00:17位置，单击"标记入点"按钮或按【I】键，标记剪辑的入点，如图7-38所示。

步骤 08 将时间线定位到02:13位置，单击"标记出点"按钮或按【O】键，然后拖动"仅拖动视频"按钮到序列中，如图7-39所示。

图7-38　标记入点

图7-39　拖动"仅拖动视频"按钮

步骤 09 此时即可在序列中添加"视频2"剪辑，如图7-40所示。采用同样的方法，将其他剪辑添加到序列中（"视频11"剪辑除外）。

步骤 10 将时间线定位到"视频10"和"视频12"剪辑的转场位置，如图7-41所示。

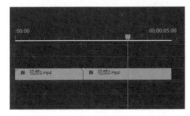
图7-40　添加"视频2"剪辑

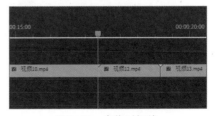
图7-41　定位时间线

步骤 11 在"项目"面板中双击"视频11"素材，在"源"面板中标记剪辑的入点和出点，然后单击"插入"按钮 ，如图7-42所示。

步骤 12 此时即可在时间线位置插入"视频11"剪辑，如图7-43所示。

图7-42　单击"插入"按钮

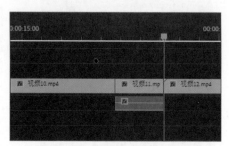

图7-43　插入剪辑

步骤 13 若在"源"面板中单击"覆盖"按钮 ，在序列中可以看到"视频11"剪辑覆盖了"视频12"剪辑，如图7-44所示。

步骤 14 若想将剪辑插入其他视频轨道，可以在"时间轴"面板头部区域的目标轨道左侧单击"对插入和覆盖进行源修补"按钮 ，如图7-45所示。

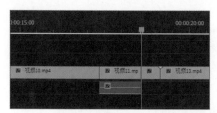

图7-44　覆盖"视频12"剪辑

图7-45　单击"对插入和覆盖进行源修补"按钮

步骤 15 在"源"面板中单击"插入"按钮 或"覆盖"按钮 ，即可将"视频11"剪辑添加到V2轨道，如图7-46所示。

图7-46　将剪辑添加到其他轨道

↘ 7.3.3　粗剪短视频

在"时间轴"面板中对短视频进行粗剪，包括插入剪辑、调整剪辑顺序、复制与移动剪辑等操作，具体操作方法如下。

步骤 01 按【Ctrl+A】组合键选中所有视频剪辑并用鼠标右键单击，

微课视频

粗剪短视频

在弹出的快捷菜单中选择"设为帧大小"命令，如图7-47所示。

步骤 02 此时即可将所选视频剪辑的尺寸缩放为序列大小（优先填充序列横向像素），在"节目"面板中预览画面缩放效果，如图7-48所示。

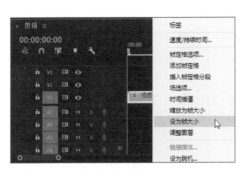

图7-47　选择"设为帧大小"命令

图7-48　预览画面缩放效果

步骤 03 使用"选择"工具拖动视频剪辑的入点或出点修剪视频剪辑的时长，此时在"节目"面板可以实时预览修剪位置的画面，如图7-49所示。

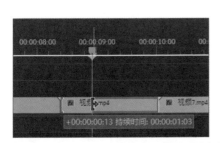

图7-49　使用"选择"工具修剪视频剪辑

步骤 04 将时间线定位到要修剪的位置，按【Ctrl+K】组合键分割视频剪辑，然后选中分割的视频剪辑，按【Delete】键将其删除，如图7-50所示。

步骤 05 在修剪时还可以将时间线定位到要修剪的位置，然后选中视频剪辑要修剪的剪辑点，按【E】键即可快速修剪，如图7-51所示。

图7-50　分割并删除视频剪辑

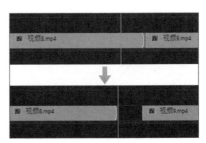

图7-51　使用快捷键修剪视频剪辑

步骤 **06** 选中视频剪辑之间的间隙并按【Delete】键将其删除，或者按【Ctrl+A】组合键全选视频剪辑，在菜单栏中单击"序列"|"封闭间隙"命令，删除视频剪辑之间的间隙。按【B】键调用"波纹编辑"工具，使用该工具对视频剪辑进行波纹修剪，如图7-52所示。

步骤 **07** 双击剪辑点进入修剪模式，在"节目"面板中显示剪辑点位置的画面。选中要修剪的画面，单击下方按钮即可向前或向后修剪1帧或5帧，如图7-53所示。

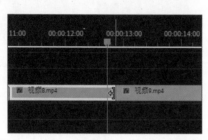

图7-52 使用"波纹编辑"工具修剪视频剪辑　　图7-53 在修剪模式下修剪视频剪辑

步骤 **08** 按住【Ctrl】键的同时将V2轨道上的"视频11"剪辑向下拖至"视频10"剪辑的出点位置，即可将"视频11"剪辑插入该位置，如图7-54所示。

步骤 **09** 按住【Ctrl】键的同时将"视频6"剪辑拖至"视频5"剪辑的右侧，调整视频剪辑先后顺序，如图7-55所示。

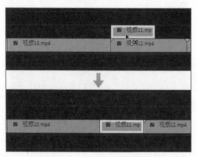

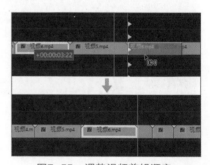

图7-54 插入视频剪辑　　　　　　　图7-55 调整视频剪辑顺序

步骤 **10** 按住【Alt】键的同时拖动视频剪辑可以复制剪辑，按住【Alt】键向上拖动"视频3"剪辑，将其复制到V2轨道，如图7-56所示。

步骤 **11** 要复制多个轨道上的视频剪辑，可以在序列中先标记剪辑范围，在此选中"视频3"剪辑，按【/】键即可标记该剪辑，然后在"时间轴"面板头部区域选择要复制视频剪辑所在的轨道，在此选择V1轨道和V2轨道，即可选中标记范围内的视频剪辑，按【Ctrl+C】组合键进行复制操作，如图7-57所示。

步骤 **12** 将时间线定位到要粘贴视频剪辑的位置，在"时间轴"面板区域取消选择V1轨道，选择目标轨道为V2轨道，如图7-58所示。

步骤 **13** 按【Ctrl+V】组合键，即可粘贴视频剪辑，如图7-59所示。

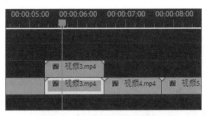

图7-56 复制视频剪辑

图7-57 标记范围并复制视频剪辑

图7-58 定位粘贴位置并选择轨道

图7-59 粘贴视频剪辑

7.3.4 调整剪辑点

微课视频

调整剪辑点

为短视频添加背景音乐，并根据背景音乐的节奏调整视频素材剪辑点，具体操作方法如下。

步骤 01 在"项目"面板中双击"背景音乐"素材，在"源"面板中预览音频素材，将时间线定位到00:14位置，单击"标记入点"按钮，如图7-60所示。

步骤 02 将时间线定位到18:14位置，单击"标记出点"按钮，然后拖动"仅拖动音频"按钮到序列的A1轨道上，如图7-61所示。

图7-60 标记入点

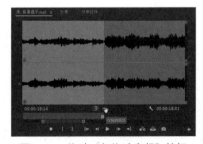

图7-61 拖动"仅拖动音频"按钮

步骤 03 双击A1轨道头部展开该轨道，按空格键播放音频剪辑，根据音乐节奏将时间线定位到第一个转场位置，如图7-62所示。

步骤 04 按【B】键调用"波纹编辑"工具，使用该工具修剪"视频1"剪辑的出点到时间线位置，如图7-63所示。

步骤 05 将时间线定位到第二个转场位置，选中音频剪辑，单击"添加标记"按钮或按【M】键，在音频剪辑上添加标记，如图7-64所示。

步骤 06 使用“波纹编辑”工具修剪“视频 2”剪辑的出点到标记位置，如图 7–65 所示。

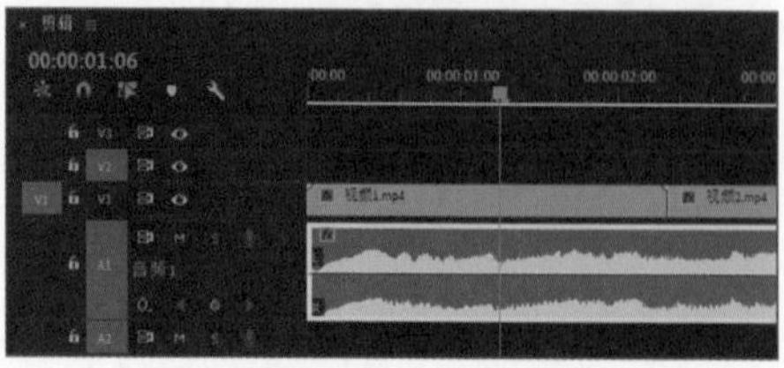

图7–62　定位时间线位置

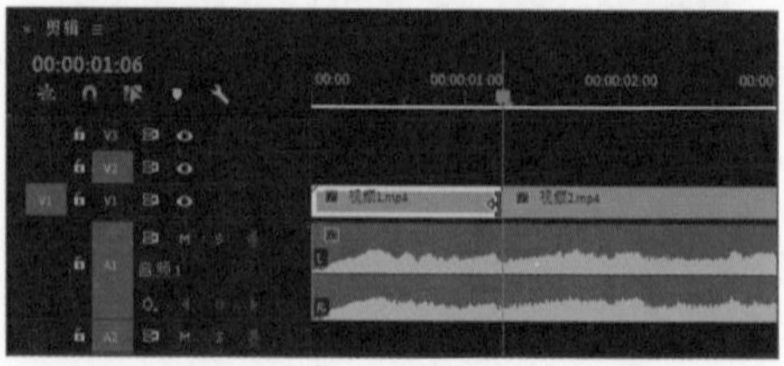

图7–63　使用“波纹编辑”工具修剪“视频1”剪辑

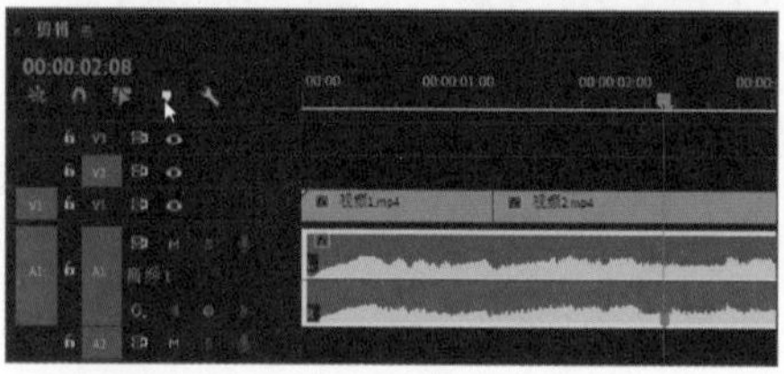

图7–64　在音频剪辑上添加标记

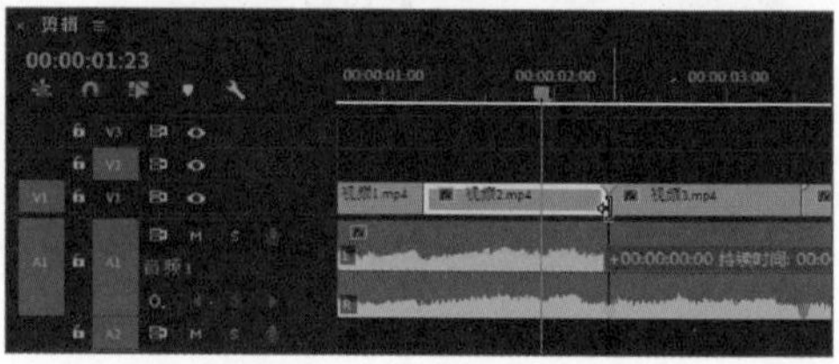

图7–65　修剪“视频2”剪辑的出点到标记位置

步骤 07 要重新定位标记位置，可以在音频剪辑上双击，然后在“源”面板中拖动标记即可，如图 7–66 所示。若要删除标记，可用鼠标右键单击标记，然后在弹出的快捷菜单中选择相应的命令。

步骤 08 采用同样的方法，根据背景音乐节奏修剪其他视频剪辑。在修剪视频剪辑时，要使修剪操作不对其他剪辑的位置造成影响，可以按【N】键调用“滚动编辑”工具，使用该工具可以同时修剪一个视频剪辑的入点和另一个视频剪辑的出点，并保持两个视频剪辑组合的时长不变，如图 7–67 所示。

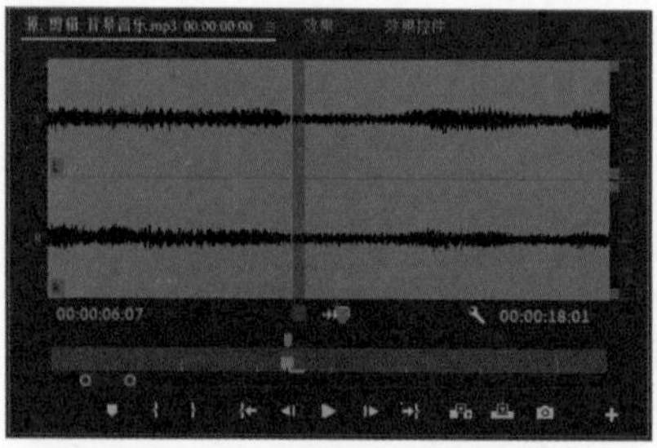

图7–66　重新定位标记位置

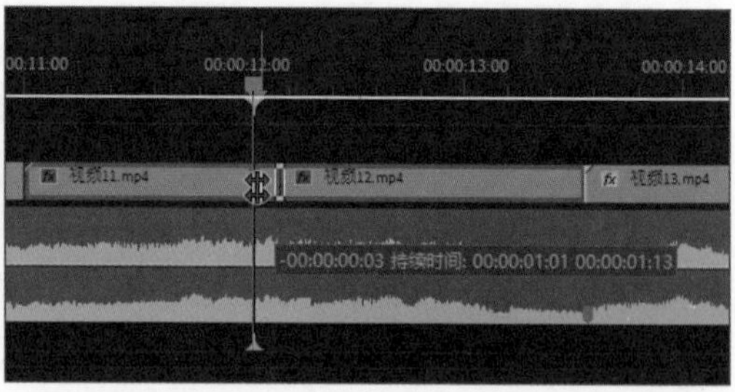

图7–67　使用“滚动编辑”工具修剪视频剪辑

步骤 09 视频剪辑修剪完成后，若要改变视频剪辑内容，可以在序列中双击视频剪辑，如双击“视频 12”剪辑，在“源”面板中将鼠标指针置于标记范围中间，当指针变为小手样式时左右拖动即可，如图 7–68 所示。

步骤 10 也可以按【Y】键调用“外滑”工具，使用该工具左右拖动“视频 10”剪辑到合适的位置，在“节目”面板中预览视频剪辑入点和出点位置的画面，如图 7–69 所示。

图7-68　改变视频剪辑内容

图7-69　预览视频剪辑入点和出点位置的画面

↘ 7.3.5　调整播放速度

对视频剪辑的播放速度进行加速或减速调整，使各视频剪辑的速度一致、协调，匹配背景音乐的节奏，具体操作方法如下。

步骤 01 在序列中用鼠标右键单击"视频1"剪辑，在弹出的快捷菜单中选择"速度/持续时间"命令，如图7-70所示。

步骤 02 在弹出的"剪辑速度/持续时间"对话框中设置"速度"为150%，然后单击"确定"按钮，如图7-71所示。

微课视频

调整播放速度

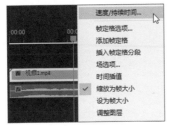

图7-70　选择"速度/持续时间"命令

图7-71　调整速度

步骤 03 在序列中可以看到"视频1"剪辑的长度变短，剪辑名称中标有150%的数值，如图7-72所示。速度调整完成后，调整剪辑的出点位置。

步骤 04 按住【Alt】键的同时向上拖动"视频4"剪辑，将剪辑复制到V2轨道。按【R】键调用"比率拉伸"工具 ，使用该工具调整剪辑的出点，向左拖动为加速，向右拖动为减速，在此进行减速调整，如图7-73所示。速度调整完成后，在"节目"面板中预览效果，然后调整出点位置，使其与下方的"视频4"剪辑对齐，并向下拖动替换原剪辑。

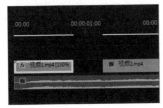

图7-72　查看效果

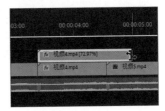

图7-73　使用"比率拉伸工具"调整速度

↘ 7.3.6 调整画面构图

对画面的构图进行调整，主要有3种方法：使用"运动"效果调整构图，使用蒙版调整构图，以及对画面进行裁剪。

1. 使用"运动"效果调整构图

使用"运动"效果中的"位置""缩放""旋转"等参数可以设置剪辑的画面构图，具体操作方法如下。

微课视频
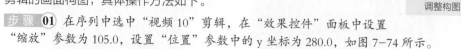
使用"运动"效果调整构图

步骤 01 在序列中选中"视频10"剪辑，在"效果控件"面板中设置"缩放"参数为105.0，设置"位置"参数中的y坐标为280.0，如图7-74所示。

步骤 02 在"节目"面板中预览画面构图调整效果，如图7-75所示。

图7-74 设置"缩放"和"位置"参数

图7-75 预览构图效果

2. 使用蒙版调整构图

蒙版又称遮罩，是视频剪辑中很实用的一种功能。使用"蒙版"功能可以轻松地遮挡或显示部分画面。使用蒙版和"高斯模糊"效果虚化画面背景，以突出被摄主体，具体操作方法如下。

微课视频

使用蒙版调整构图

步骤 01 在序列中选中"视频14"剪辑，在"效果"面板中搜索"高斯"，双击"高斯模糊"效果添加该效果，如图7-76所示。

步骤 02 在"效果控件"面板中设置"模糊度"参数为30.0，选中"重复边缘像素"复选框，如图7-77所示。

图7-76 添加"高斯模糊"效果

图7-77 设置"高斯模糊"效果

步骤 03 在"节目"面板中预览画面效果，如图7-78所示。

步骤 04 在序列中按住【Alt】键的同时向上拖动"视频14"剪辑,将其复制到V2轨道,然后选中V2轨道上的"视频14"剪辑,如图7-79所示。

步骤 05 在"效果控件"面板中单击"高斯模糊"效果左侧的 按钮,关闭该效果。在"不透明度"效果中单击"创建椭圆形蒙版"按钮 ,创建椭圆形蒙版,如图7-80所示。

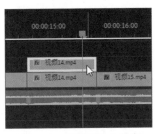

图7-78　预览画面效果　　　　图7-79　复制并选中剪辑　　　　图7-80　创建椭圆形蒙版

步骤 06 在"节目"面板中调整蒙版路径,如图7-81所示。在路径上单击可以添加锚点,按住【Ctrl】键的同时单击锚点可以将其删除。

步骤 07 设置"蒙版羽化"参数为300.0,"蒙版扩展"参数为20.0,如图7-82所示。

步骤 08 在"节目"面板中预览画面效果,如图7-83所示。

图7-81　调整蒙版路径　　　　图7-82　设置蒙版参数　　　　图7-83　预览画面效果

3. 对画面进行裁剪

使用"裁剪"效果裁剪画面大小,并利用"混合模式"功能进行画面叠加和融合,具体操作方法如下。

步骤 01 将"视频16"剪辑添加到序列的V2轨道,并将其置于"视频15"剪辑上方。选中"视频16"剪辑,如图7-84所示。

步骤 02 在"效果控件"面板中设置"缩放"和"位置"参数,如图7-85所示。

步骤 03 在"节目"面板中预览画面效果,如图7-86所示。

微课视频

对画面进行裁剪

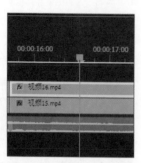

图7-84　添加并选中"视频16"
剪辑

图7-85　设置"缩放"和
"位置"参数

图7-86　预览画面
效果

步骤 **04** 在"效果"面板中搜索"裁剪"，双击"裁剪"效果添加该效果，如图7-87所示。

步骤 **05** 在"效果控件"面板中设置"裁剪"效果参数，设置"底部"参数为35.0%，"羽化边缘"参数为210，然后在"不透明度"效果中设置"混合模式"为"变亮"，如图7-88所示。

步骤 **06** 在"节目"面板中预览画面效果，如图7-89所示。

图7-87　添加"裁剪"效果

图7-88　设置"裁剪"参数

图7-89　预览画面效果

↘ 7.3.7　导出短视频

导出剪辑好的短视频时可以根据需要设置视频格式、比特率等参数，还可导出短视频片段或对导出画面进行裁剪，具体操作方法如下。

微课视频

导出短视频

步骤 **01** 在"时间轴"面板中选择要导出的序列，如图7-90所示。

步骤 **02** 在菜单栏中单击"文件"|"导出"|"媒体"命令，弹出"导出设置"对话框，在"格式"下拉列表框中选择H.264选项（即MP4格式），如图7-91所示。

步骤 **03** 单击"输出名称"选项右侧的文件名超链接，在弹出的"另存为"对话框中选择短视频保存位置，输入文件名，然后单击"保存"按钮，如图7-92所示。

步骤 **04** 返回"导出设置"对话框，选择"视频"选项卡，调整"目标比特率[Mbps]"参数，对短视频大小进行压缩，在下方可以看到"估计文件大小"数值，如图7-93所示。设置完成后，单击"导出"按钮，即可导出短视频。

图7-90　选择导出序列

图7-91　选择导出格式

图7-92　"另存为"对话框

图7-93　调整"目标比特率"

步骤 05 若要导出序列中指定的短视频片段，可以在"节目"面板中为此片段标记入点和出点，然后导出短视频即可，如图7-94所示。

步骤 06 要裁剪画面，可以在"导出设置"对话框左侧的上方单击"裁剪输出视频"按钮，然后拖动裁剪框裁剪画面大小，或者在"裁剪比例"下拉列表框中选择所需的裁剪比例，如图7-95所示。

图7-94　标记入点和出点

图7-95　选择裁剪比例

7.4　设置视频效果

下面将介绍如何在Premiere中设置常见的视频效果，包括使用关键帧制作动画、制作视频变速效果，以及添加转场效果。

↘ 7.4.1 　使用关键帧制作动画

关键帧是制作动画效果的关键点，可用于设置动态、效果、音频等多种属性，随时间更改属性值即可自动生成动画。使用关键帧制作动画的具体操作方法如下。

步骤 01 打开"素材文件\第7章\关键帧.prproj"项目文件，用鼠标右键单击视频剪辑，在弹出的快捷菜单中选择"设为帧大小"命令，如图7-96所示。

步骤 02 在"节目"面板中预览画面效果，如图7-97所示。

图7-96　选择"设为帧大小"命令

图7-97　预览画面效果

步骤 03 在"效果控件"面板中将时间线定位到要添加关键帧的位置，分别单击"位置"和"缩放"左侧的"切换动画"按钮，启用"位置"和"缩放"关键帧动画，如图7-98所示，此时将添加一个"位置"关键帧和一个"缩放"关键帧。

步骤 04 选中两个关键帧，然后按住【Alt】键向右拖动即可复制关键帧，如图7-99所示。

图7-98　启用"位置"和"缩放"关键帧动画

图7-99　复制关键帧

步骤 05 将时间线定位到要添加关键帧的位置，如图7-100所示。

步骤 06 根据需要设置"位置"和"缩放"参数，将自动生成关键帧，如图7-101所示。按住【Alt】键，将第二组关键帧向右拖动进行复制。

图7-100　定位时间线位置

图7-101　自动生成关键帧

步骤 07 在"节目"面板中预览画面效果，如图7-102所示。

步骤 08 选中全部关键帧，用鼠标右键单击选中的关键帧，在弹出的快捷菜单中选择"临时插值"|"缓入"命令，如图 7-103 所示。再次用鼠标右键单击选中的关键帧，在弹出的快捷菜单中选择"临时插值"|"缓出"命令。

图7-102　预览画面效果

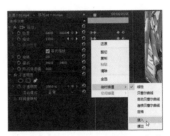

图7-103　设置"缓入"命令

步骤 09 拖动关键帧调整贝塞尔曲线，使运动速率先慢后快再慢，如图 7-104 所示。调整完成后，在"节目"面板中预览画面效果。

步骤 10 要调整动画的速度，可以拖动关键帧调整关键帧之间的距离，距离越大速度越慢，反之越快，如图 7-105 所示。在拖动关键帧位置时，按【Shift+←/→】组合键可以一次移动 5 帧。

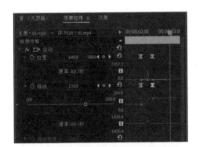

图7-104　调整贝塞尔曲线

图7-105　拖动关键帧位置

↘ 7.4.2 制作视频变速效果

使用"时间重映射"效果可以调整短视频不同部分的速度，使视频素材中既有加速又有减速，具体操作方法如下。

步骤 01 打开"素材文件\第 7 章\变速 .prproj"项目文件，在"节目"面板中预览视频素材，如图 7-106 所示。

步骤 02 在"时间轴"面板头部区域双击 V1 轨道将其展开，然后用鼠标右键单击视频剪辑左上方的 *fx* 图标，在弹出的快捷菜单中选择"时间重映射"|"速度"命令，如图 7-107 所示。

步骤 03 此时，即可将轨道上的不透明度关键帧更改为速度关键帧。按住【Ctrl】键的同时在速度控制线上单击，添加速度关键帧，如图 7-108 所示。

步骤 04 向上或向下拖动速度控制线，即可进行加速或减速调整，在此向上拖动关键帧左侧的速度控制线进行加速调整，如图 7-109 所示。按住【Alt】键的同时拖动速度关键帧，可以调整其位置。

图7-106 预览视频素材

图7-107 选择"速度"命令

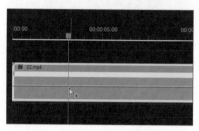

图7-108 添加速度关键帧

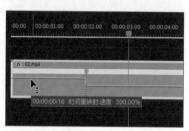

图7-109 拖动速度控制线

步骤 05 拖动速度关键帧，将其拆分为左、右两个部分，出现的两个标记之间的斜线表示速度逐渐变化，拖动坡度上的手柄使坡度变得平滑，如图7-110所示。

步骤 06 根据需要继续在其他位置添加关键帧并调整速度。若要删除关键帧，可以在关键帧上单击将其选中，然后按【Delete】键，或者按【P】键调用"钢笔"工具，框选多个关键帧进行删除，如图7-111所示。

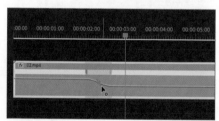

图7-110 拖动关键帧

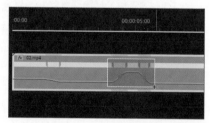

图7-111 删除关键帧

↘ 7.4.3 添加转场效果

视频转场又称视频过渡或视频切换，是添加在视频剪辑之间的效果，可以让视频剪辑之间的切换形成动画效果。在序列中为视频剪辑添加转场效果，具体操作方法如下。

微课视频

设置转场效果

步骤 01 打开"素材文件\第7章\视频剪辑2.prproj"项目文件，在菜单栏中单击"编辑"|"首选项"|"时间轴"命令，在弹出的"首选项"对话框中设置"视频过渡默认持续时间"为20帧，然后单击"确定"按钮，如图7-112所示。

步骤 02 打开"效果"面板，在"视频过渡"文件夹中包含了Premiere内置的转场效果，展开"溶解"选项，用鼠标右键单击"交叉溶解"效果，在弹出的快捷菜单中选择

"将所选过渡设置为默认过渡"命令，如图7-113所示。

图7-112　设置"视频过渡默认持续时间"　　图7-113　选择"将所选过渡设置为默认过渡"

步骤 03 选中所有视频剪辑，按【Ctrl+D】组合键可以快速应用默认转场效果，如图7-114所示。由于有的视频剪辑没有额外的素材用于转场，所添加的转场效果时长会自动缩短或无法进行添加。

图7-114　应用默认转场效果

步骤 04 由于"视频3"剪辑的出点位置没有额外的素材用于转场，所以在"视频3"和"视频4"剪辑之间没有应用转场效果，如图7-115所示。

步骤 05 将"视频3"剪辑的速度调整为80%增加其时长，使其出点的右侧包含可用于转场的素材，如图7-116所示。

步骤 06 选中"视频3"和"视频4"剪辑，按【Ctrl+D】组合键添加"交叉溶解"转场效果，如图7-117所示。

图7-115　没有应用转场效果　　图7-116　调整剪辑的速度　　图7-117　添加"交叉溶解"转场效果

步骤 07 在"节目"面板中预览"视频3"和"视频4"剪辑之间的转场效果，如图7-118所示。

图7-118　预览转场效果

7.5 编辑音频

音频是短视频不可或缺的重要组成部分。在制作短视频时，可以通过添加背景音乐、音效、旁白和解说等音频素材来增强短视频的表现力。

↘ 7.5.1 添加音频

在短视频中添加音频素材，具体操作方法如下。

步骤 01 将"配音"音频素材拖至序列的A2轨道，如图7-119所示。

图7-119 添加音频素材

步骤 02 按【C】键调用"剃刀"工具 ✂，对音频剪辑进行分割并删除不需要的部分，然后根据需要调整各音频剪辑的位置，如图7-120所示。

图7-120 分割并调整音频剪辑

↘ 7.5.2 监视音量

在调整音量前，要清楚音频剪辑的音量大小。在"时间轴"面板右侧有一个"音频仪表"面板，当播放音频剪辑时，该面板中的绿色长条会上下浮动，显示实时的音量大小。"音频仪表"面板的刻度单位是"分贝"（dB），最高为0dB，分贝越小，音量越低。当分贝值在-12dB刻度上下浮动时，表示音频剪辑的音量是合理的；当分贝值超出0dB时，容易出现爆音现象，"音频仪表"面板的最上方将出现红色的粗线表示警告。

在"时间轴"面板中的A1轨道单击"独奏轨道"按钮 S，将其他音频轨道设置为静音，如图7-121所示。按空格键播放音频剪辑，在"音频仪表"面板中监视当前音量，如图7-122所示。

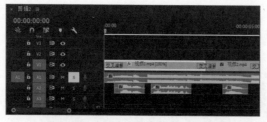

图7-121 单击"独奏轨道"按钮

图7-122 在"音频仪表"面板中监视当前音量

↘ 7.5.3　调整音量

调整音频剪辑的音量，具体操作方法如下。

微课视频

调整音量

步骤 01 在"时间轴"面板中双击 A1 轨道将其展开，播放音频剪辑，并向下拖动音频剪辑中的音量线减小音量，在"音频仪表"面板中实时查看调整后的音量大小，如图 7-123 所示。

步骤 02 在序列中选中要调整音量的多个音频剪辑，然后用鼠标右键单击所选的音频剪辑，在弹出的快捷菜单中选择"音频增益"命令，在弹出对话框的下方可以看到当前的"峰值振幅"为 -2.1dB，选中"调整增益值"单选按钮，设置值为 -8dB，然后单击"确定"按钮，如图 7-124 所示。

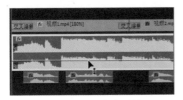

图7-123　拖动音量线

图7-124　"音频增益"对话框

"音频增益"对话框中各选项的含义如下。

● 将增益设置为：用于设置总的调整量，即将增益设置为某一特定值，该值始终更新为当前增益，即使未选择该选项且该值显示为灰色也是如此。

● 调整增益值：用于设置单次调整的调整量。此选项允许用户将增益调整为 +dB 或 -dB，"将增益设置为"选项中的值会自动更新，以反映应用于该音频剪辑的实际增益值。

● 标准化最大峰值为：用于设置选定音频剪辑的最大峰值。若选定多个音频剪辑，则将它们视为一个音频剪辑，找到并设置最大峰值。

● 标准化所有峰值为：用于设置每个选定音频剪辑的最大峰值，常用于统一不同音频剪辑的最大峰值。

↘ 7.5.4　调整音频局部音量

除了整体调整音频剪辑的音量大小外，用户还可以利用音量关键帧调整音频剪辑局部音量的大小，具体操作方法如下。

微课视频

调整音频局部
音量

步骤 01 在"时间轴"面板中展开背景音乐所在的 A1 轨道，按住【Ctrl】键的同时在音量线上单击，即可添加音量关键帧。在要降低音量的位置添加两个音量关键帧，然后在左右两侧分别再添加一个音量关键帧，如图 7-125 所示。

步骤 02 分别向下拖动中间的两个音量关键帧，以降低该区域的音量，如图 7-126 所示。

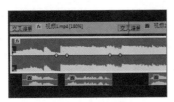

图7-125　添加音量关键帧

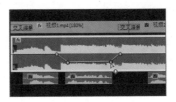

图7-126　降低区域音量

步骤 **03** 按【P】键调用"钢笔"工具，拖动鼠标指针框选所有音量关键帧，然后按【Delete】键将它们删除，如图 7-127 所示。

步骤 **04** 在音频剪辑的结束位置添加两个关键帧，然后将右侧的关键帧向下拖至底部，制作"声音淡出"效果，如图 7-128 所示。

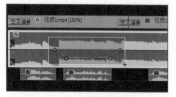
图7-127　删除音量关键帧

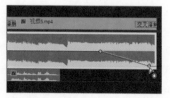
图7-128　制作"声音淡出"效果

↘ 7.5.5　统一音量大小

微课视频
统一音量大小

将不同音量的音频剪辑设置为统一大小，具体操作方法如下。

步骤 **01** 在"时间轴"面板中选中 A2 轨道上的所有音频剪辑，如图 7-129 所示。

步骤 **02** 在菜单栏中单击"窗口"|"基本声音"命令，打开"基本声音"面板，单击"对话"按钮，将所选音频剪辑设置为"对话"音频类型，如图 7-130 所示。

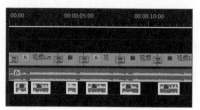
图7-129　选择音频剪辑

图7-130　设置音频类型

步骤 **03** 进入"对话"选项卡，展开"响度"选项，单击"自动匹配"按钮，即可将所选音频剪辑的音量调整为"对话"的平均标准，如图 7-131 所示。

步骤 **04** 在"预设"下拉列表框中选择"清理嘈杂对话"选项，可以进行音频剪辑降噪并自动统一音量大小，如图 7-132 所示。

步骤 **05** 若要继续统一调整所选音频剪辑的音量大小，可以在下方的"剪辑音量"选项中调整音量级别，如图 7-133 所示。

图7-131　单击"自动匹配"
　　　　　按钮

图7-132　选择"清理嘈杂
　　　　　对话"选项

图7-133　调整音量级别

7.5.6　设置声音自动回避

利用"回避"功能可以在包含对话的短视频中自动降低背景音乐的音量，以突出人声，具体操作方法如下。

步骤 01 在"时间轴"面板中选中背景音乐剪辑，在"基本声音"面板中单击"音乐"按钮，如图 7-134 所示。

步骤 02 进入"音乐"选项卡，选中"回避"选项右侧的复选框，启用"回避"功能，设置"回避依据""敏感度""降噪幅度""淡化"等参数，然后单击"生成关键帧"按钮，如图 7-135 所示。

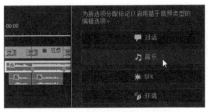

图7-134　单击"音乐"按钮　　　　图7-135　设置"回避"参数

步骤 03 此时，即可在背景音乐剪辑中自动添加音量关键帧，在覆盖"对话"音频剪辑的背景音乐剪辑区域将自动降低音量，如图 7-136 所示。

图7-136　自动添加音量关键帧

"回避"选项中各参数的含义如下。

● 回避依据：用于选择要回避的音频剪辑内容类型对应的图标，包括"对话""音乐""声音效果""环境"或"未标记的剪辑"。

● 敏感度：用于调整"回避"触发的阈值。敏感度设置越高或越低，调整越少，但重点是分别保持较低或较响亮的音频轨道。中间范围的敏感度值可以触发更多调整，使背景音乐在语音暂停期间快速进出。

● 降噪幅度：用于选择将音频剪辑的音量降低多少。

● 淡化：用于控制触发时音量调整的速度。如果快节奏的背景音乐与语音混合，则较快的淡化比较理想；如果在画外音轨道后面回避背景音乐，则较慢的淡化更合适。

7.6　编辑文本

使用Premiere中的文字工具可以很方便地在短视频中添加文本，在"基本图形"面板中可以添加文本，锁定文本持续时间，创建文本样式等。

↘ 7.6.1　添加文本

使用文本工具为短视频中的配音添加相应的字幕，具体操作方法如下。

步骤 01 按【T】键调用"文字"工具，在短视频画面中单击即可输入文本。在序列中会出现相应的文本剪辑，根据配音音频的时长修剪文本剪辑的时长，如图7-137所示。

步骤 02 在"节目"面板中预览文本效果，如图7-138所示。

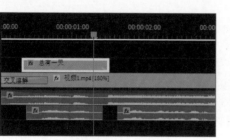

图7-137　修剪文本剪辑

图7-138　预览文本效果

步骤 03 在"效果控件"面板的"文本"选项中设置文本的字体、大小、对齐方式、字距、填充颜色等格式，如图7-139所示。

步骤 04 打开"基本图形"面板，选择"编辑"选项卡，选中文本图层，在"对齐并变换"选项中单击"垂直居中对齐"按钮和"水平居中对齐"按钮，如图7-140所示。

图7-139　设置文本格式

图7-140　设置对齐方式

↘ 7.6.2　锁定文本持续时间

在文本剪辑的开始和结束部分编辑淡入和淡出动画，然后锁定文本剪辑开场和结束的持续时间，这样可以保证文本剪辑的入场和出场动画不会被修剪掉，具体操作方法如下。

步骤 01 在"时间轴"面板中选择文本剪辑，在"效果控件"面板上文本剪辑的"变换"选项中启用"不透明度"动画，在文本剪辑的开始部分添加两个关键帧，两个关键帧相距15帧，然后设置第一个关键帧"不透明度"参数为0.0%，如图7-141所示。

步骤 02 设置关键帧缓入和缓出，展开"不透明度"选项，调整关键帧的贝塞尔曲线，使运动先慢后快，如图 7-142 所示。

图7-141　设置"不透明度"参数

图7-142　调整关键帧的贝塞尔曲线

步骤 03 在文本剪辑的结束部分添加两个关键帧，并设置最后一个关键帧的"不透明度"参数为 0.0%，然后调整关键帧的贝塞尔曲线，如图 7-143 所示。

步骤 04 拖动左上方的控制柄，调整文本剪辑开场持续时间到关键帧动画结束的位置，如图 7-144 所示。

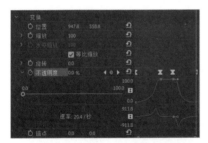

图7-143　设置"不透明度"参数

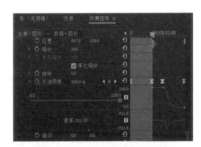

图7-144　调整开场持续时间

步骤 05 采用同样的方法，拖动右上方的控制柄，调整文本剪辑的结束部分持续时间，如图 7-145 所示。

步骤 06 在序列中按住【Alt】键的同时向右拖动文本剪辑，复制文本剪辑，然后修剪文本剪辑的时长，如图 7-146 所示。

步骤 07 在"节目"面板中修改文本，如图 7-147 所示。

步骤 08 采用同样的方法，在序列中添加其他文本剪辑，在"节目"面板中预览文本效果，如图 7-148 所示。

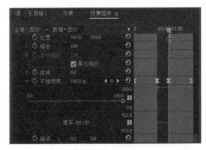

图7-145　调整结束部分持续时间

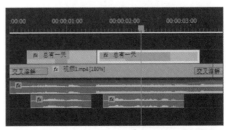

图7-146　复制文本剪辑

图7-147 修改文本

图7-148 预览文本效果

↘ 7.6.3 创建文本样式

微课视频

创建文本样式

使用"文本样式"功能可以将字体、颜色和大小等文本属性定义为样式，并为时间轴中的多个文本剪辑快速应用相同的文本样式，具体操作方法如下。

步骤 01 打开"基本图形"面板，在"文本"选项中设置字体、大小、外观等参数，在"主样式"选项中单击"样式"下拉按钮，选择"创建主文本样式"选项，如图7-149所示。

步骤 02 在弹出的"新建文本样式"对话框中输入文本样式名称，然后单击"确定"按钮，如图7-150所示。

图7-149 选择"创建主文本样式"选项

图7-150 输入文本样式名称

步骤 03 创建文本样式后，即可将其自动保存到"项目"面板中，如图7-151所示。

步骤 04 在"时间轴"面板中选中要应用文本样式的文本剪辑，然后将"文本样式1"拖至文本剪辑上即可应用该样式，在"节目"面板中预览文本效果，如图7-152所示。

图7-151 查看文本样式

图7-152 预览文本效果

7.7　短视频调色

"Lumetri颜色"是Premiere中的调色工具，它提供了基本校正、创意、曲线、色轮和匹配、HSL辅助等多种调色工具。下面将详细介绍如何对短视频进行调色。

↘ 7.7.1　"Lumetri颜色"调色基本流程

调色一般分为一级调色和二级调色。一级调色主要调整画面中的阴影、高光、白平衡、颜色偏差等，二级调色为局部调色，是对画面中的细节进行调整。

微课视频

一级调色

1. 一级调色

使用"基本校正"功能对画面进行一级调色，具体操作方法如下。

步骤 01 打开"素材文件\第7章\调色.prproj"项目文件，在"节目"面板中预览画面效果，打开"Lumetri范围"面板，切换为"分量（RGB）"波形图，查看画面中红、绿、蓝的色彩信息，如图7-153所示。

图7-153　查看色彩信息

步骤 02 打开"Lumetri颜色"面板，展开"基本校正"选项，调整"对比度""阴影""白色""饱和度"等参数，对画面颜色进行基本校正，如图7-154所示。

步骤 03 在"节目"面板中预览画面效果，如图7-155所示。

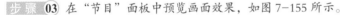

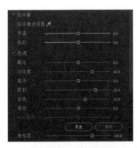

图7-154　调整"基本校正"参数

图7-155　预览画面效果

2. 二级调色

对画面进行二级调色，调整画面的色调，具体操作方法如下。

步骤 01 新建"调整图层"，并将其添加到V2轨道，如图7-156所示。

步骤 02 在"Lumetri颜色"面板中展开"曲线"选项，然后展开

微课视频

二级调色

"RGB 曲线"选项，单击"亮度"曲线按钮◯，添加两个控制点并调整曲线，提高阴影区域的亮度，如图 7-157 所示。

图7-156　添加"调整图层"

图7-157　调整"亮度"曲线

步骤 03 单击"红色"曲线按钮◯，添加两个控制点并调整曲线，在阴影区域中增加红色，如图 7-158 所示。

步骤 04 单击"绿色"曲线按钮◯，添加两个控制点并调整曲线，在阴影区域中增加绿色，如图 7-159 所示。

步骤 05 单击"蓝色"曲线按钮◯，添加两个控制点并调整曲线，减少阴影区域和高光区域中的蓝色，如图 7-160 所示。

图7-158　调整"红色"
曲线

图7-159　调整"绿色"
曲线

图7-160　调整"蓝色"
曲线

步骤 06 展开"色轮和匹配"选项，分别调整阴影区域、中间调和高光区域中的颜色，并拖动滑块提高高光区域的亮度，如图 7-161 所示。

步骤 07 展开"创意"选项，调整"自然饱和度"参数和高光色彩，如图 7-162 所示。

图7-161　调整色轮

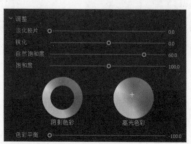

图7-162　创意调色

步骤 **08** 在"节目"面板中预览画面效果，如图7-163所示。

图7-163　预览画面效果

3. 提亮肤色

使用"HSL辅助"功能可以对画面中的特定颜色进行调整，而不是整个画面。使用"HSL辅助"功能提亮人物的肤色，具体操作方法如下。

微课视频

提亮肤色

步骤 **01** 在V3轨道上添加一个"调整图层"，展开"HSL辅助"选项，使用"设置颜色"选项中的 按钮在画面中的人物皮肤上吸取颜色，然后选中"彩色/灰色"复选框，在画面中查看所选的颜色选区。拖动"H、S、L"滑块调整颜色选区，拖动顶部滑块扩展或限制颜色范围，拖动底部滑块使选区边缘的过渡更平滑，如图7-164所示。

步骤 **02** 在"节目"面板中预览此时的选区效果，如图7-165所示。

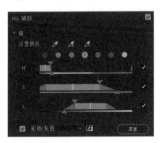

图7-164　调整"HSL"参数

图7-165　预览选区效果

步骤 **03** 在"优化"选项中调整"降噪"参数，使颜色过渡更平滑，并移除选区中的杂色；调整"模糊"参数，柔化选区的边缘，以混合选区，如图7-166所示。

步骤 **04** 在"节目"面板中预览此时的选区效果，如图7-167所示。

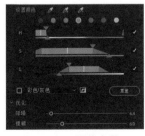

图7-166　调整参数

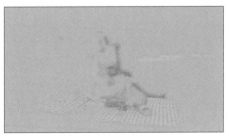

图7-167　预览选区效果

步骤 05 选区选择完成后，取消选择"彩色／灰色"复选框，在"更正"选项中拖动滑块提高亮度，然后调整"色温""色彩""对比度""锐化""饱和度"等参数，如图 7-168 所示。

步骤 06 在"节目"面板中预览调色效果，如图 7-169 所示。

图7-168　调整选区颜色

图7-169　预览调色效果

步骤 07 在"效果控件"面板中单击"Lumetri 颜色"效果中的钢笔工具创建蒙版，如图 7-170 所示。

步骤 08 在"节目"面板中绘制蒙版路径，选中人物皮肤部分，使调色设置只作用于人物皮肤即可，如图 7-171 所示。

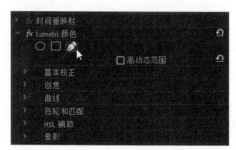

图7-170　创建蒙版

图7-171　绘制蒙版路径

↘ 7.7.2　创意调色

　　"Lumetri颜色"面板的"创意"选项中提供了各种颜色预设，用户可以使用Premiere内置的颜色查找表（Look Up Table，LUT）或第三方颜色LUT对短视频进行快速风格化调色，具体操作方法如下。

步骤 01 在"Lumetri 颜色"面板中展开"创意"选项，在"Look"下拉列表框中选择要使用的 LUT，或者单击预览图两侧的箭头按钮逐个预览 LUT 颜色效果，单击预览图即可应用该效果，拖动"强度"滑块调整 LUT 效果强度，如图 7-172 所示。

步骤 02 在"调整"选项中调整"自然饱和度""阴影色彩""高光色彩"等参数，如图 7-173 所示。

微课视频

创意调色

图7-172　调整LUT效果强度

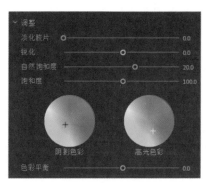

图7-173　调整参数

步骤 03 在"节目"面板中预览调色前后的对比效果，如图 7-174 所示。

图7-174　预览调色前后的对比效果

课后练习

1. 打开"素材文件\第7章\课后练习\剪辑"文件，在Premiere中导入视频素材和音频素材，对视频素材进行剪辑，制作关键帧动画，设置转场效果，编辑音频并添加文本。

2. 打开"素材文件\第7章\课后练习\变速.prproj"文件，使用"时间重映射"功能对短视频进行播放速度调整。

3. 打开"素材文件\第7章\课后练习\调色.prproj"文件，使用"Lumetri颜色"面板进行创意调色。

第 8 章 移动端短视频制作综合案例

学习目标

● 了解本案例短视频的拍摄方法。
● 掌握使用剪映剪辑街拍短视频的方法。

技能目标

● 能够构思并拍摄街拍短视频。
● 能够使用剪映剪辑街拍短视频。

素养目标

● 弘扬真、善、美，积极用作品展示美好生活。

　　在移动端制作短视频相对来说比较简单，即使是短视频制作的初学者，也能利用剪映等工具制作出自己心仪的短视频作品。本章将通过制作《岁月静好，青春有光》短视频作品，让读者进一步学习在移动端制作短视频的方法与技巧。

8.1 《岁月静好，青春有光》短视频的拍摄

本案例采用街拍形式，分别在广场、商业街、沿途路上、钟鼓楼及特色小巷取景拍摄，展现城市风貌及年轻人的青春姿态。该作品在拍摄时主要采用了以下拍摄手法。

1. 利用框架式构图突出被摄主体

在画面中融入各种各样的框架，将被摄主体框起来可以更好地引导视线，突出被摄主体，如图8-1所示。在拍摄时可以在被摄主体旁边来回走走，从不同视角和方向审视被摄主体，以便发现适合诠释被摄主体的框架。

图8-1 框架式构图

2. 制造画面对比

摄像师通过在画面中制造对比，可以让画面更加引人注目。画面对比主要包括光影对比、冷暖对比、虚实对比、大小对比、动静对比等。

（1）光影对比

光和影时刻都在变换着，摄像师在拍摄时可以利用光影的明暗来增强画面的层次感，形成强烈的视觉反差，如图8-2所示。

（2）冷暖对比

在拍摄过程中，摄像师可以利用冷暖色彩上的对比为画面制造一种矛盾关系，这种强烈的冷暖色彩对比和碰撞能够让画面效果更加惊艳，如图8-3所示。

图8-2 光影对比　　　　　　　图8-3 冷暖对比

（3）虚实对比

在拍摄时，摄像师要控制好镜头的景深，让画面有虚有实，以达到突出被摄主体的目的，如图8-4所示。在处理这类画面时，也可通过影调的对比达到虚实对比的效果。

图8-4　虚实对比

（4）大小对比

合理地利用大小对比，可以让画面产生张力。例如，一个骑行的人从一个高大的木门前经过，一大一小形成鲜明的对比，使人物更加引人注目，如图8-5所示。

（5）动静对比

当画面中既有运动的物体，又有静止的物体时，摄像师可以利用这种动静对比关系来烘托画面的氛围，这是增强作品感染力的重要手段，如图8-6所示。

图8-5　大小对比　　　　　　　　　　　　图8-6　动静对比

3. 控制取景范围

在拍摄时仔细控制取景范围，只保留具有规律性的画面，以便突出街头的形式感，如规律性的建筑墙面、街头的人群、广告牌、护栏等，如图8-7所示。

图8-7　控制取景范围

4. 拍摄城市的视觉符号

每个城市都有自己的独特之处，拍摄只属于这个城市的视觉符号，可以让作品与众不同。在拍摄过程中，摄像师可以捕捉城市中的特色产品、特色工艺品、独特的雕塑、站牌、地标性建筑等，这些都可以作为城市的视觉符号，如图8-8所示。

5. 多视角拍摄

在拍摄中遇到相似的场景时，可以尝试从多视角进行拍摄，如从不同的位置，不同的角度进行拍摄，直到找到满意的视角，拍出令人惊喜的画面，如图8-9所示。

图8-8　拍摄城市的视觉符号

图8-9　多视角拍摄

8.2 《岁月静好，青春有光》短视频的剪辑

拍摄完毕后，剪辑师即可使用剪映对拍摄的视频素材进行剪辑。在剪辑前先对视频素材进行整理，然后按照拍摄地点分段进行剪辑。在剪辑时，要在每个拍摄地点画面开始位置添加转场镜头。剪辑完成后要对短视频进行调色，最后制作片尾和片头。

8.2.1 整理视频素材

本案例用到的视频素材较多，为了便于后期剪辑时添加素材，将在不同地点拍摄的视频素材进行分类整理，具体操作方法如下。

步骤 01 在手机上点击"文件管理"应用，如图 8-10 所示。

步骤 02 进入"浏览"界面，在"位置"列表中点击"我的手机"选项，如图 8-11 所示。

步骤 03 进入"我的手机"界面，点击"新建文件夹"按钮，在弹出的界面中输入文件夹名称，然后点击"确定"按钮，如图 8-12 所示。

步骤 04 返回"浏览"界面，点击"视频"按钮，在打开的界面中选中要移动的视频素材，在下方点击"移动"按钮，如图 8-13 所示。

步骤 05 在弹出的界面中选择创建的文件夹，点击√按钮即可将所选视频素材移动至该文件夹中，如图 8-14 所示。

步骤 06 采用同样的方法，创建其他文件夹并移动相应的视频素材，对视频素材进行分类整理，如图 8-15 所示。

微课视频

整理视频素材

图8-10 点击"文件管理"

图8-11 点击"我的手机"
选项

图8-12 新建文件夹

图8-13 点击"移动"
按钮

图8-14 将视频素材移动至
目标文件夹

图8-15 整理其他视频
素材

8.2.2 剪辑广场视频部分

对在广场拍摄的视频素材进行剪辑，具体操作方法如下。

步骤01 打开剪映App，点击"开始创作"按钮，在弹出的界面上方点击"照片视频"按钮，在弹出的列表中可以看到创建的文件夹，选择"1.广场"文件夹，如图8-16所示。

步骤02 选中第一个视频素材，点击"添加"按钮，如图8-17所示。

步骤03 将时间线移至最左侧，点击"音乐"按钮，如图8-18所示。

微课视频

剪辑广场视频
部分

图8-16　选择文件夹　　　　图8-17　添加视频素材　　　　图8-18　点击"音乐"按钮

步骤 04 在弹出的界面中搜索"happy people"，找到需要的音乐后点击"使用"按钮，如图8-19所示。

步骤 05 选中音乐，点击"踩点"按钮，在弹出的界面中手动在音乐的节奏位置添加踩点，然后点击✓按钮，如图8-20所示。

步骤 06 选中视频素材，点击"变速"按钮，然后点击"常规变速"按钮，在弹出的界面中调整速度为1.5x，点击✓按钮，如图8-21所示。

图8-19　搜索并添加音乐　　　图8-20　手动添加踩点　　　图8-21　设置常规变速

步骤 07 修剪视频素材结尾，调整结束滑块到第一个音乐踩点位置，如图8-22所示。

步骤 08 在视频素材的开始位置和右侧位置分别添加关键帧，然后放大第二个关键帧位置的画面，制作"画面放大"动画，如图8-23所示。

步骤 09 添加第二个和第三个视频素材，并根据音乐踩点位置修剪视频素材，然后调整第三个视频素材的速度为1.3x，如图8-24所示。

图8-22 修剪素材结尾　　图8-23 制作"画面放大"　　图8-24 调整视频素材速度
　　　　　　　　　　　　　　　动画

步骤 10 添加第四个视频素材，并设置"常规变速"为0.7x。在视频素材开始位置和右侧位置添加两个关键帧，然后放大第二个关键帧位置的画面，制作"画面放大"动画，如图8-25所示。

步骤 11 添加其他视频素材，采用同样的方法根据音乐踩点位置修剪各视频素材并调整视频素材速度，利用关键帧制作"画面缩放"动画，如图8-26所示。

步骤 12 为第二个和第三个视频素材添加转场效果，选择"幻灯片"分类中的"镜像翻转"效果，然后点击✅按钮，如图8-27所示。

图8-25 制作"画面放大"　　图8-26 添加并修剪　　图8-27 添加转场效果
　　　　　动画　　　　　　　　　视频素材

步骤13 选中第三个视频素材，点击"动画"按钮 ▣，然后点击"出场动画"按钮 ⛶，选择"轻微放大"动画，拖动滑块调整动画时长为1.1s，点击 ✓ 按钮，如图8-28所示。

步骤14 为第三个和第四个视频素材添加"叠加"转场效果，如图8-29所示。

步骤15 向右调整第三个视频素材的结束滑块，使转场效果的开始位置对齐音乐踩点位置，以确保后续视频素材准确踩点，如图8-30所示。采用同样的方法，为其他视频素材添加所需的动画和转场效果。

图8-28　添加"轻微放大"　　图8-29　添加"叠加"转场　　图8-30　调整结束滑块
动画并调整动画时长　　　　　效果

步骤16 将时间指针定位到第四个视频素材中，点击"特效"按钮 ✦，然后点击"画面特效"按钮 ✦，选择"浪漫氛围"特效，点击 ✓ 按钮，如图8-31所示。

步骤17 采用同样的方法，为第七个视频素材添加"光斑飘落"特效，如图8-32所示。

步骤18 采用同样的方法，为第九个视频素材添加"小花花"特效，如图8-33所示。

图8-31　添加"浪漫氛围"特效　图8-32　添加"光斑飘落"特效　图8-33　添加"小花花"特效

↘ 8.2.3 剪辑商业街视频部分

对在商业街拍摄的视频素材进行剪辑，具体操作方法如下。

步骤 01 在主轨道右侧点击＋按钮添加视频素材，在弹出的界面中选择"2.商业街"文件夹，然后选中前两个视频素材，点击"添加"按钮，如图8-34所示。前两个视频素材交代地点，作为该部分场景的转场。

步骤 02 选中第一个视频素材，点击"变速"按钮◎，然后点击"曲线变速"按钮⌁，如图8-35所示。

步骤 03 在弹出的界面中调整各个变速点，使速度先快后慢，然后点击✓按钮，如图8-36所示。

图8-34 添加视频素材文件

图8-35 点击"曲线变速"按钮

图8-36 调整变速点

步骤 04 对第二个视频素材进行"常规变速"，调整速度为1.9x。添加入场动画，选择"缩小"动画，拖动滑块调整时长为0.3s，然后点击✓按钮，如图8-37所示。

步骤 05 在第一个和第二个视频素材之间添加"叠加"转场效果（见图8-38），然后在第一个素材的开始位置添加"闪黑"转场效果。

步骤 06 将其他视频素材依次添加到主轨道中，然后选中第三个视频素材，设置"曲线变速"，调整各变速点，点击✓按钮，如图8-39所示。

步骤 07 在第二个和第三个视频素材之间添加"云朵‖"转场效果，点击✓按钮，如图8-40所示。

步骤 08 复制第三个视频素材，然后选择左侧的视频素材，点击"切画中画"按钮✗，如图8-41所示。

步骤 09 向右修剪画中画视频素材的开始位置到"云朵‖"转场的结束位置，点击"动画"按钮▣，然后点击"组合动画"按钮❖，如图8-42所示。

图8-37　调整动画时长

图8-38　添加转场效果

图8-39　调整变速点

图8-40　添加"云朵Ⅱ"转场
效果

图8-41　点击"切画中画"
按钮

图8-42　点击"组合动画"
按钮

步骤 **10** 选择"旋转缩小"动画，拖动滑块至0.8s，预览视频素材结束时的"旋转缩小"效果，如图8-43所示。

步骤 **11** 在"旋转缩小"动画结束位置添加关键帧，在右侧位置再添加一个关键帧。将时间指针定位到第一个关键帧位置，点击"不透明度"按钮◔，如图8-44所示。

步骤 **12** 向左拖动滑块调整不透明度为0，点击☑按钮，如图8-45所示。此时即可隐藏视频素材在入场时的"旋转缩小"动画，只保留出场时的"旋转缩小"动画。

步骤 **13** 选中第四个视频素材，添加入场动画，选择"动感缩小"动画，调整时长为0.4s，点击☑按钮，如图8-46所示。

步骤 **14** 采用同样的方法，为第五个视频素材添加"轻微抖动"入场动画，如图8-47所示。

步骤 15 复制第五个视频素材，并将其切换到画中画轨道。点击"抠像"按钮，然后点击"自定义抠像"按钮，如图 8-48 所示。

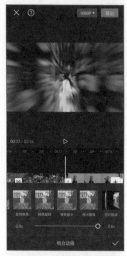
图8-43　选择组合动画

图8-44　点击"不透明度"按钮

图8-45　调整不透明度

图8-46　添加入场动画

图8-47　添加入场动画

图8-48　点击"自定义抠像"
按钮

步骤 16 使用"快速画笔"在被摄主体上拖动进行自定义抠像，点击☑按钮，如图 8-49 所示。

步骤 17 在一级工具栏中点击"特效"按钮，然后点击"画面特效"按钮，选择"幻影"特效，点击☑按钮，如图 8-50 所示。特效默认会作用到主视频上。

步骤 18 采用同样的方法添加"胶片滚动"特效，并调整特效的时长和位置，如图 8-51 所示。

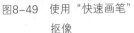

图8-49 使用"快速画笔"
抠像

图8-50 添加"幻影"特效

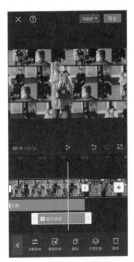

图8-51 添加"胶片滚动"
特效

步骤 19 在第六个视频素材的开始位置和右侧位置添加关键帧，然后放大第二个关键帧位置的画面，制作"画面放大"动画，如图 8-52 所示。

步骤 20 在第六个和第七个视频素材之间添加"抽象前景"转场效果，然后点击☑按钮，如图 8-53 所示。

步骤 21 选中第八个视频素材，点击"编辑"按钮☐，然后点击"镜像"按钮⚌水平翻转画面，如图 8-54 所示。

图8-52 制作"画面放大"
动画

图8-53 添加"抽象前景"
转场效果

图8-54 点击"镜像"按钮

步骤 22 设置视频素材"曲线变速"，调整各变速点，然后点击☑按钮，如图 8-55 所示。

步骤 23 在第八个视频素材中添加三个关键帧，然后放大第二个关键帧位置的画面，制作"缩放"动画，如图 8-56 所示。

步骤 ㉔ 在第九个视频素材的开始位置和右侧位置添加关键帧，然后放大第一个关键帧位置的画面，制作"画面缩小"动画，如图 8-57 所示。

图8-55　调整变速点

图8-56　制作"缩放"
动画

图8-57　制作"画面缩小"
动画

步骤 ㉕ 添加出场动画，选择"向上转出"动画，拖动滑块调整时长为 0.5s，然后点击✅按钮，如图 8-58 所示。

步骤 ㉖ 选中第十个视频素材，添加入场动画，选择"向上转入"动画，拖动滑块调整时长为 0.5s，然后点击✅按钮，如图 8-59 所示。

步骤 ㉗ 在第十一个视频素材的中间位置进行分割，并为前半段添加"动感缩小"入场动画，为后半段添加"轻微放大"出场动画，然后在视频素材下方添加"车窗"特效，如图 8-60 所示。采用同样的方法，继续剪辑第十二个到第十六个视频素材。

图8-58　添加出场动画

图8-59　添加入场动画

图8-60　添加"车窗"特效

8.2.4 剪辑沿途路上视频部分

对在沿途路上拍摄的视频素材进行剪辑，具体操作方法如下。

步骤01 在主轨道右侧点击＋按钮添加视频素材，在弹出的界面中选择"3.沿途路上"文件夹，然后依次选中9个视频素材，点击"添加"按钮，如图8-61所示。

步骤02 根据需要修剪各个视频素材。第一个视频素材为骑共享单车的人群从天桥下穿过，设置该视频素材"曲线变速"，调整各变速点，点击✔按钮，如图8-62所示。

步骤03 第二个视频素材为公交车驶离站牌，设置该视频素材"曲线变速"，调整各变速点，然后点击✔按钮，如图8-63所示。

图8-61 添加视频素材

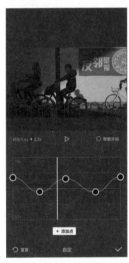

图8-62 调整变速点

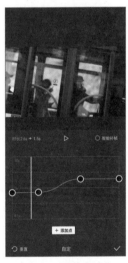

图8-63 调整变速点

步骤04 对第三个视频素材设置"常规变速"，在视频素材的开始位置和中间位置添加关键帧，然后放大第一个关键帧位置的画面，制作"画面缩小"动画，如图8-64所示。

步骤05 对第四个到第六个视频素材设置"常规变速"，然后利用关键帧在第五个视频素材的开始位置制作"画面缩小"动画，如图8-65所示。

步骤06 在第六个和第七个视频素材之间添加"抽象前景"转场效果，如图8-66所示。

步骤07 对第七个视频素材设置"曲线变速"，调整各变速点，然后点击✔按钮，如图8-67所示。

步骤08 对第八个视频素材设置"曲线变速"，调整各变速点，然后点击✔按钮，如图8-68所示。

步骤09 对第九个视频素材设置"常规变速"，使树叶晃动得更剧烈一些，如图8-69所示。

图8-64　制作"画面缩小"
动画

图8-65　制作"画面缩小"
动画

图8-66　添加"抽象前景"
转场效果

图8-67　调整变速点

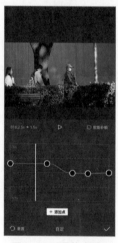

图8-68　调整变速点

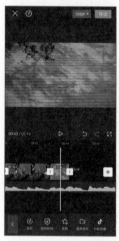

图8-69　设置"常规变速"

↘ 8.2.5　剪辑钟鼓楼视频部分

对在钟鼓楼及其附近拍摄的视频素材进行剪辑，具体操作方法如下。

步骤 01 将视频素材依次添加到主轨道中，第一个视频素材为公交电车的集电杆划过电线的画面，对该视频素材设置"常规变速"并进行修剪，如图8-70所示。

步骤 02 第二个视频素材为拍摄公交电车进站的画面，设置该视频素材"曲线变速"，调整各变速点，使速度先快后慢，然后点击☑按钮，如图8-71所示。

步骤 03 在第二个视频素材的开始位置和中间位置添加关键帧，然后放大第一个关键帧位置的画面，制作"画面缩小"动画，如图8-72所示。采用同样的方法，处理第三个视频素材。

微课视频

剪辑钟鼓楼视频
部分

图8-70 修剪视频素材

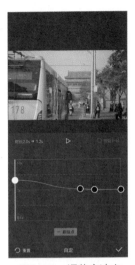

图8-71 调整变速点

图8-72 制作"画面缩小"动画

步骤 **04** 在第三个和第四个视频素材之间添加"云朵"转场效果，如图 8-73 所示。

步骤 **05** 选中第四个视频素材，添加出场动画，选择"轻微放大"动画，将时长调至 1.2s，然后点击✓按钮，如图 8-74 所示。

步骤 **06** 在第四个和第五个视频素材之间添加"叠化"转场效果，如图 8-75 所示。

图8-73 添加转场效果

图8-74 添加出场动画

图8-75 添加"叠加"转场效果

步骤 **07** 在第五个和第六个视频素材之间添加"云朵Ⅱ"转场效果，如图 8-76 所示。

步骤 **08** 选中第七个视频素材，设置视频"曲线变速"，调整各变速点，然后点击✓按钮，如图 8-77 所示。

步骤 **09** 在第七个和第八个视频素材之间添加"叠化"转场效果，然后在第八个视频素材的开始位置和中间位置添加关键帧，放大第二个关键帧位置的画面，制作"画面放大"动画，如图8-78所示。

图8-76　添加"云朵Ⅱ"转场效果

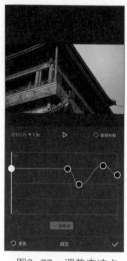

图8-77　调整变速点

图8-78　制作"画面放大"动画

步骤10　在第九个视频素材的开始位置和中间位置添加关键帧，放大第一个关键帧位置的画面，制作"画面缩小"动画，如图8-79所示。采用同样的方法，在第八个和第九个视频素材之间添加"叠化"转场效果。

步骤11　对第十个到第十三个视频素材添加"叠化"转场效果，并分别使用关键帧制作"缩放"动画，如图8-80所示。

步骤12　在第十三个视频素材画面中，前景的一个行人从左向右走过画面，且行人的身体穿过整个画面。将时间指针定位到行人身体左侧刚进入画面的位置，对视频素材进行分割。选中分割的视频素材，点击"切画中画"按钮 ，如图8-81所示。

图8-79　制作"画面缩小"
动画

图8-80　制作"缩放"动画

图8-81　点击"切画中画"
按钮

步骤 13 在画中画素材的最左侧添加第一个关键帧，然后点击"蒙版"按钮 ⬚，如图 8-82 所示。

步骤 14 点击"线性"蒙版，旋转蒙版角度并调整羽化程度，可以看到左侧已显示出第十四个视频素材画面，如图 8-83 所示。

步骤 15 将蒙版移至最左侧，如图 8-84 所示。

图8-82　点击"蒙版"按钮

图8-83　调整线性蒙版

图8-84　移动蒙版

步骤 16 向右移动时间线，根据行人身体位置逐步调整蒙版的位置，直至将蒙版移至最右侧，第十四个视频素材画面完全显示出来，如图 8-85 所示。

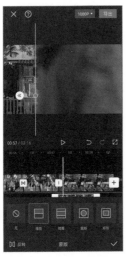

图8-85　根据行人身体位置调整蒙版位置

↘ 8.2.6 剪辑特色小巷视频部分

对在特色小巷拍摄的视频素材进行剪辑，具体操作方法如下。

微课视频

剪辑特色小巷
视频部分

步骤 01 将所需的视频素材依次添加到主轨道中，在第一个视频素材的开始位置添加"云朵Ⅱ"转场效果，如图8-86所示。

步骤 02 第二个、第三个和第四个视频素材为空镜头视频素材，用来交代小巷环境。对这些视频素材设置"常规变速"，使树叶晃动得更快一些，如图8-87所示。

步骤 03 在第四个和第五个视频素材之间添加"模糊"转场效果，如图8-88所示。

图8-86 添加"云朵Ⅱ"转场 　　图8-87 设置"常规变速" 　　图8-88 添加"模糊"转场
　　　　效果 　　　　　　　　　　　　　　　　　　　　　　效果

步骤 04 在第五个视频素材的开始位置和中间位置添加关键帧，然后放大第二个关键帧位置的画面，制作"画面放大"动画，如图8-89所示。

步骤 05 选中第四个视频素材，添加出场动画，选择"漩涡旋转"动画，拖动滑块调整时长为0.6s，然后点击▼按钮，如图8-90所示。

步骤 06 选中第五个视频素材，添加入场动画，选择"漩涡旋转"动画，拖动滑块调整时长为0.6s，然后点击▼按钮，如图8-91所示。

步骤 07 后面的视频素材画面内容为行人在小巷中里拍照或散步，根据音乐节奏对视频素材设置"常规变速"并进行修剪，并根据需要添加"叠化"转场效果，如图8-92所示。

步骤 08 对短视频最后的几个空镜头视频素材设置"常规变速"并进行修剪，如图8-93所示。

步骤 09 选中最后一个视频素材，设置"曲线变速"，调整各变速点，然后点击▼按钮，如图 8-94 所示。

图8-89　制作"画面放大"动画

图8-90　添加出场动画

图8-91　添加入场动画

图8-92　处理后续视频素材

图8-93　处理空镜头视频素材

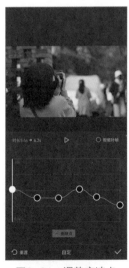
图8-94　调整变速点

步骤 **10** 点击"美颜美体"按钮，然后点击"智能美颜"按钮，如图 8-95 所示。

步骤 **11** 点击"美白"按钮，将滑块拖至 100，如图 8-96 所示。

步骤 **12** 点击"磨皮"按钮，拖动滑块调整磨皮参数为 50，点击按钮，如图 8-97 所示。

图8-95　点击"智能美颜"按钮　　图8-96　调整美白参数　　图8-97　调整磨皮参数

8.2.7　短视频调色

使用"滤镜"和"调节"功能对短视频进行调色，具体操作方法如下。

步骤 01 将时间指针定位到最左侧，在一级工具栏中点击"滤镜"按钮，在弹出的界面中点击"人像"分类，选择"净透"滤镜，如图 8-98 所示。

步骤 02 点击"调节"按钮，进入"调节"界面，点击"阴影"按钮，拖动滑块调整阴影参数为 25，增加暗部细节，然后点击√按钮，如图 8-99 所示。

步骤 03 将时间指针定位到要调色的视频素材上，在一级工具栏中点击"调节"按钮，然后点击"新增调节"按钮，如图 8-100 所示。

微课视频

短视频调色

图8-98　选择"净透"滤镜　　图8-99　调整阴影　　图8-100　点击"新增调节"按钮

步骤 04 点击"光感"按钮 ，拖动滑块调整光感参数为25，然后点击 按钮，如图8-101所示。

步骤 05 将时间指针定位到要调色的视频素材上，点击"新增调节"按钮 ，然后点击"光感"按钮 ，拖动滑块调整光感参数为15，如图8-102所示。

步骤 06 点击"高光"按钮 ，拖动滑块调整高光参数为-15，然后点击 按钮，如图8-103所示。

图8-101 调整光感参数

图8-102 调整光感参数

图8-103 调整高光参数

8.2.8 制作片尾

对短视频片尾进行制作，并添加结束字幕，具体操作方法如下。

步骤 01 在短视频片尾位置添加文本"你未必万丈光芒 但你温暖有光"，在"字体"标签中设置字体格式，如图8-104所示。

步骤 02 点击"动画"按钮，然后点击"入场动画"标签，选择"羽化向右擦开"动画，拖动滑块调整时长为1.5s，然后点击 按钮，如图8-105所示。

步骤 03 在轨道中调整文本的时长，然后复制文本并将其拖至下层轨道，为文本添加"故障"入场动画，修改文本颜色为黄色并放大文本，如图8-106所示。

步骤 04 复制最后一个视频素材，点击"切画中画"按钮 。在画中画视频素材上添加两个关键帧，将时间指针定位到第一个关键帧位置，点击"不透明度"按钮 ，如图8-107所示。

步骤 05 向左拖动滑块调整不透明度参数为0，点击 按钮，如图8-108所示。

步骤 06 在视频素材下方添加特效，选择"光"分类中的"彩虹光晕"特效，然后点击 按钮，如图8-109所示。

微课视频

制作片尾

图8-104 设置字体格式

图8-105 添加入场动画

图8-106 复制并修改文本颜色

图8-107 点击"不透明度"
按钮

图8-108 调整不透明度
参数

图8-109 添加"彩虹
光晕"特效

步骤 **07** 选中特效，点击"作用对象"按钮🔶，如图 8-110 所示。

步骤 **08** 在弹出的界面中点击"画中画"按钮，然后点击☑按钮，如图 8-111 所示。

步骤 **09** 采用同样的方法，在视频素材下方再添加一个"模糊闭幕"特效，并设置作用对象为"全局"，如图 8-112 所示，然后点击"调整参数"按钮➡。

步骤 **10** 调整"速度"和"模糊度"参数，然后点击☑按钮，如图 8-113 所示。

步骤 **11** 修剪背景音乐的结束位置，与视频素材结束位置对齐。在音乐结尾添加两个关键帧，将时间指针定位到第二个关键帧位置，点击"音量"按钮🔊，如图 8-114所示。

步骤 **12** 向左拖动滑块调整音量为 0，制作"音乐淡出"效果，然后点击☑按钮，如

180

图 8-115 所示。然后点击界面右上方的"导出"按钮导出短视频。

图8-110　点击"作用
对象"按钮

图8-111　点击"画中画"
按钮

图8-112　添加"模糊
闭幕"特效

图8-113　调整特效参数

图8-114　添加关键帧

图8-115　调整音量

8.2.9　制作片头

为短视频制作片头并添加标题，具体操作方法如下。

步骤 01 在剪映中新建项目，导入前一节中导出的短视频，将时间指针定位到最左侧，选中视频素材，点击"定格"按钮▣，在左侧生成3.0s的静止帧，如图 8-116 所示。

步骤 02 将时间指针定位到最左侧，点击"文字"按钮▮，然后点击

微课视频

制作片头

181

"文字模板"标签，选择所需的模板，如图8-117所示。

步骤 03 将文字模板的内容进行修改，然后点击✓按钮，如图8-118所示。

图8-116　点击"定格"按钮　　　图8-117　选择文字模板　　　图8-118　修改文字模板内容

步骤 04 在静止帧和视频素材之间添加"闪光灯"转场效果，然后分别搜索并添加"优美钢琴清新音效一"和"拍照声"音效，根据音效时长调整静止帧和文本的时长，如图8-119所示。

步骤 05 选中静止帧，添加入场动画，选择"渐显"动画，拖动滑块调整时长为0.5s，然后点击✓按钮，如图8-120所示。

步骤 06 在静止帧下方分别添加"模糊开幕"和"取景框Ⅱ"特效，如图8-121所示。片头制作完成后，即可导出最终的短视频。

图8-119　添加转场效果和音效　　图8-120　添加入场动画　　　图8-121　添加特效

课后练习

打开"素材文件\第8章\课后练习"文件，将提供的步行街视频素材导入剪映，剪辑一条街拍短视频。

关键操作：根据音乐修剪视频素材、曲线变速、添加转场和动画、使用文字模板。

第 9 章 PC端短视频制作
综合案例

学习目标

- 了解年味短视频的拍摄方法。
- 掌握使用Premiere剪辑年味短视频的方法。

技能目标

- 能够构思并拍摄年味短视频。
- 能够使用Premiere剪辑年味短视频。

素养目标

- 把社会效益放在首位，讲格调、讲品位。

　　对Premiere初学者而言，使用Premiere进行较为复杂的短视频制作可能会有些困难，本章将通过拍摄并剪辑《京城年味》短视频，让读者进一步学习与巩固在PC端制作短视频的方法与技巧。

9.1　《京城年味》短视频的拍摄

本案例采用街拍形式，在农历正月初二进行拍摄，用镜头记录"京城年味"，感受京韵十足的春节氛围，拍摄思路如下。

1. 拍摄年味元素

年味是需要衬托的，要使画面充满年味，在短视频拍摄内容的选择上就要多选择带有年味元素的事物。

（1）拍年货

春节期间，家家户户都会置办年货，各种吃的、穿的、戴的、用的……，琳琅满目，五花八门。在拍摄年货素材时，要将画面重心聚集在单种物品上，近距离进行拍摄，既能排除旁边杂乱的背景，也能凸显要传达的内容主题，如图9-1所示。

图9-1　拍年货

（2）拍年俗

贴窗花、挂年画、挂灯笼、写春联、蒸年糕是春节期间特有的年俗，是要在年味短视频中重点体现的元素，如图9-2所示。在实际拍摄中，可以将看到的与春节有关的年俗都拍摄下来，以营造过年的氛围。

图9-2　拍年俗

（3）拍街边美食

有些美食可能只有在春节期间才会出现，如果当地有这样的特色美食，就要拍摄下来，以体现当地春节的特色，让画面更具真实感，如图9-3所示。

（4）拍春节活动

春节期间，各地都会有相关的活动或表演，如扭秧歌、舞狮等，遇到类似的活动就不要错失时机，用镜头记录下来，同样可以吸引人们的目光，如拍摄卖糖人师傅表演"吹糖人"的过程，如图9-4所示。

图9-3　拍街边美食

图9-4　拍春节活动

（5）拍人物

人物可以是街道上熙熙攘攘的人群，穿着喜庆的孩童，卖货的商贩等，画面应重点表现人物的面部表情或行为动作，如图9-5所示。拍人物时也要与年味环境相结合，体现春节的氛围感。

图9-5　拍人物

2. 画面构图方法

在拍摄年味短视频时，采用的构图方法主要包括中央构图法、三分线构图法、前景构图法和引导线构图法等。

例如，在拍摄街上的孩童、店铺的牌匾时采用中央构图法，将被摄主体放到画面中央来突出被摄主体，如图9-6所示。需要注意的是，被摄主体周围不要有抢镜的物体。

图9-6　中央构图法

在拍摄人物时使用了三分线构图法,以增加画面的美感。在拍摄人物近景时,将人物眼睛置于三分线构图中网格线的交点位置;在拍摄人物中景时,将人物置于三分线上,如图9-7所示。

图9-7 三分线构图法

在拍摄卖小吃的商贩时采用了前景构图法,将食客、经过的路人或摆起来的小吃作为前景进行拍摄,如图9-8(左)所示;在拍摄洋钟时也采用了前景构图法,将洋钟置于画面中央,挂起的一串串小灯笼作为前景进行拍摄,如图9-8(右)所示。前景构图法可以为画面营造空间感,在拍摄时要注意观察作为前景的物体,最好是与拍摄主题有相关性的物体。

图9-8 前景构图法

在拍摄街上的人群时采用了引导线构图法,利用一排排悬挂的灯笼或街道两侧的树木作为引导线,增加画面的空间感和纵深感,如图9-9所示。

图9-9 引导线构图法

3. 短视频拍摄手法

本案例采用手持相机进行拍摄,由于拍摄环境中人比较多,主要采用固定镜头和小范围的横移、纵摇、环绕运镜,找一个距离镜头较近的物体或道具作为前景(如墙壁、树木、人),使画面增加动感和层次感。在拍摄时采用大光圈和手动对焦拍摄,使画面中被摄主体的前景或背景产生虚化效果,让被摄主体表现更为突出。

在画面取景上主要结合场景和道具来营造春节氛围,将春节期间红红火火、团圆和谐的画面展现出来，让观众能够抓住短视频作品的主题并带入画面意境中去。在拍摄过程中，摄像师注重抓拍情景中的人物动作或神态，增强画面表现力，以感染观众。

摄像师在拍摄时用不同的镜头视角表达画面，例如采用中景或近景表现人物形态，采用远景搭配广角镜头拍摄大范围场景；避免出现单一视角的画面，同一个场景也是变换不同的角度来拍摄；在拍摄走路的孩童时降低了机位，选择平视的角度，增加画面的亲切感。

9.2 《京城年味》短视频的剪辑

下面将详细介绍如何使用Premiere对拍摄的视频素材进行后期剪辑，包括粗剪视频，按音乐节奏调整剪辑点，调整画面构图，设置画面背景，视频变速，添加"缩放"动画，设置转场效果，编辑音频，短视频调色，以及添加字幕等。

↘ 9.2.1 粗剪视频

为《京城年味》短视频创建项目并导入所需的素材，然后创建序列，再将用到的素材逐个添加到序列中进行粗剪，具体操作方法如下。

微课视频

粗剪视频

步骤 01 启动 Premiere，在菜单栏中单击"文件"|"新建"|"项目"命令，在弹出的"新建项目"对话框中设置项目名称和保存位置，然后单击"确定"按钮，如图 9-10 所示。

步骤 02 按【Ctrl+I】组合键打开"导入"对话框，选中要导入的素材文件，单击"打开"按钮，如图 9-11 所示。

图9-10 新建项目

图9-11 导入素材

步骤 03 将素材导入"项目"面板中，选中所有视频素材，并将所选视频素材拖至下方的"新建素材箱"按钮 ▢ 上，如图 9-12 所示。

步骤 04 新建素材箱，并将素材箱重命名为"视频素材"，如图 9-13 所示。

步骤 05 按【Ctrl+N】组合键打开"新建序列"对话框，在"序列预设"选项卡中选择所需的预设选项，输入序列名称，然后单击"确定"按钮，如图 9-14 所示。

步骤 06 在"项目"面板中双击"视频 1"素材，在"源"面板中预览视频素材，标记视频素材的入点和出点以选择要使用的部分，然后单击"插入"按钮 ▣，如图 9-15 所示。

图9-12 拖动视频素材

图9-13 新建素材箱

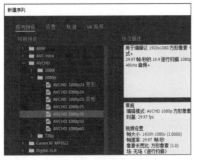

图9-14 新建序列

图9-15 单击"插入"按钮

步骤 07 此时即可将视频剪辑插入序列中，如图9-16所示。

步骤 08 在"项目"面板中双击"视频2"素材，在"源"面板中标记视频素材的入点和出点，单击"插入"按钮，如图9-17所示。采用同样的方法，继续插入其他视频剪辑。

图9-16 插入视频剪辑

图9-17 单击"插入"按钮

步骤 09 在序列中选中所有视频剪辑并用鼠标右键单击，选择"取消链接"命令，如图9-18所示。选中所有的音频剪辑，按【Delete】键将其删除。

在序列中插入视频剪辑时，若只在视频轨道上插入而不在音频轨道上插入，可以关闭音频轨道的源修补指示器。方法为：在音频轨道头部单击"对插入和覆盖进行源修补"按钮，取消开启状态，如图9-19所示。

图9-18　选择"取消链接"命令

图9-19　关闭音频轨道源修补指示器

↘ 9.2.2　按音乐节奏调整剪辑点

根据音乐的节奏调整各视频剪辑剪辑点的位置，使短视频在音乐节奏位置切换画面，具体操作方法如下。

微课视频

按音乐节奏调整
剪辑点

步骤 01 在A1音频轨道头部单击"对插入和覆盖进行源修补"按钮 **A1**，开启音频轨道源修补指示器，如图9-20所示。

步骤 02 在"项目"面板中双击"音乐"音频素材，在"源"面板中标记音频素材的入点和出点，然后单击"覆盖"按钮 **□**，如图9-21所示。

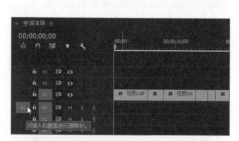

图9-20　开启音频轨道源修补指示器

图9-21　单击"覆盖"按钮

步骤 03 此时即可将音频剪辑插入A1轨道，双击A1轨道头部将其展开，如图9-22所示。

步骤 04 选中音频剪辑，按空格键进行播放，在音乐节奏点位置按【M】键快速添加标记，如图9-23所示。

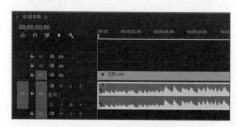

图9-22　插入音频剪辑

图9-23　添加标记

步骤 05 要调整音频剪辑中某个标记的位置，可以在音频轨道上双击音频素材，在

"源"面板中预览原始素材，拖动标记调整位置即可，如图9-24所示。

步骤 06 在序列中选中"视频1"剪辑，按【Ctrl+R】组合键，在弹出的"剪辑速度/持续时间"对话框中设置"速度"为200%，单击"确定"按钮，如图9-25所示。

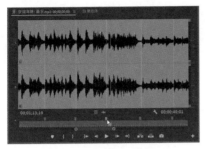

图9-24　调整标记位置　　　　　图9-25　设置剪辑速度

步骤 07 采用同样的方法设置其他视频剪辑的速度，然后先使用"选择"工具逐个调整视频剪辑的时长，对齐音频标记，如图9-26所示。

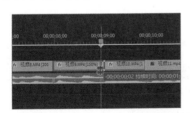

图9-26　逐个调整视频剪辑的时长

步骤 08 按【N】键调用"滚动编辑"工具▦，调整视频剪辑的剪辑点，使其位置卡准音乐节奏，如图9-27所示。

步骤 09 按【Y】键调用"外滑"工具▦，在视频剪辑上拖动，重新调整画面内容区间，如图9-28所示。

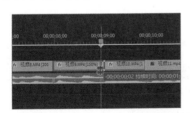

图9-27　使用"滚动编辑"工具调整剪辑点　　图9-28　使用"外滑"工具调整画面内容区间

↘ 9.2.3　调整画面构图

使用"变换"效果对画面的构图进行调整，使画面内容更加简洁，画面主题更加突出，具体操作方法如下。

步骤 01 在序列中选中"视频1"剪辑，在"效果"面板中搜索"复制"，双击"复制"效果添加该效果，如图9-29所示。

步骤 02 在"效果控件"面板中设置"复制"效果的"计数"参数为3，即可将画面复制为9个，如图9-30所示。

微课视频

调整画面构图

图9-29 添加"复制"效果　　　　图9-30 设置"复制"效果

步骤 03 在菜单栏中单击"文件"|"新建"|"旧版标题"命令，在弹出的"新建字幕"对话框中输入名称"九宫格"，然后单击"确定"按钮，如图9-31所示。

步骤 04 打开"字幕"面板，使用"直线"工具 在横向和纵向上分别绘制直线，绘制九宫格，如图9-32所示。

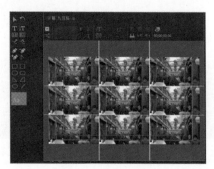

图9-31 "新建字幕"对话框　　　　图9-32 绘制九宫格

步骤 05 将"九宫格"素材添加到V4轨道，并调整素材时长使其覆盖整个序列，如图9-33所示。

步骤 06 删除"视频1"剪辑中的"复制"效果，在"节目"面板中预览画面效果，如图9-34所示。

图9-33 添加"九宫格"素材　　　　图9-34 预览画面效果

步骤 07 在"效果"面板中搜索"变换"，然后双击"变换"效果，为"视频1"剪辑添加该效果，如图9-35所示。

步骤 08 根据画面中的九宫格调整构图，在"效果控件"面板中设置"缩放"和"位置"参数，如图9-36所示。

图9-35　添加"变换"效果　　　图9-36　设置"缩放"和"位置"参数

步骤 09 在"节目"面板中预览画面效果，如图9-37所示。

步骤 10 为"视频6"剪辑添加"变换"效果，在"效果控件"面板中设置"缩放"和"位置"参数，如图9-38所示。

图9-37　预览画面效果　　　图9-38　添加"变换"效果并设置
　　　　　　　　　　　　　　　　　　　"缩放"和"位置"参数

步骤 11 在"节目"面板中预览构图调整前后的对比效果，如图9-39所示。

图9-39　预览构图调整前后的对比效果

步骤 12 采用同样的方法，调整其他视频剪辑的画面构图，如图9-40所示。

步骤 13 在序列中选中"视频10"剪辑，按【Ctrl+R】组合键，在弹出的对话框中选中"倒放速度"复选框，设置画面倒放，单击"确定"按钮，如图9-41所示。

步骤 14 在序列中按住【Alt】键的同时向上拖动"视频15"剪辑，复制该视频剪辑到V2轨道上，然后修剪其时长，如图9-42所示。

步骤 15 为该视频剪辑添加"变换"效果，并在"效果控件"面板中设置"缩放"和"位置"参数，调整画面构图，如图9-43所示。

步 骤 ⑯ 在"节目"面板中预览画面效果，如图9-44所示。

图9-40　调整其他视频剪辑的画面构图

图9-41　设置画面倒放

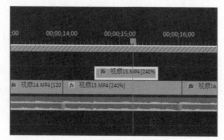

图9-42　复制并修剪视频剪辑

图9-43　添加"变换"效果并设置
"缩放"和"位置"参数

图9-44　预览画面效果

↘ 9.2.4　设置画面背景

对于复杂背景的画面，可以通过降低背景画面的亮度来突出被摄主体，具体操作方法如下。

步 骤 ① 在"项目"中新建"黑场视频"，如图9-45所示。

步 骤 ② 将"黑场视频"添加到"视频5"剪辑的上层轨道，如图9-46所示。

微课视频

设置画面背景

图9-45　新建"黑场视频"

图9-46　添加"黑场视频"

步骤 03 在"效果控件"面板的"不透明度"效果中单击"钢笔"工具按钮，创建蒙版，设置"不透明度"参数为80.0%，如图9-47所示。

步骤 04 在"节目"面板中使用"钢笔"工具围绕被摄主体绘制蒙版路径，如图9-48所示。

图9-47　创建蒙版并设置

"不透明度"参数

图9-48　绘制蒙版路径

步骤 05 在蒙版中选中"已反转"复选框，调整"蒙版羽化"和"蒙版扩展"参数，如图9-49所示。

步骤 06 在"节目"面板中预览画面效果，可以看到被摄主体之外的画面被压暗，如图9-50所示。采用同样的方法，调整其他视频剪辑。

图9-49　调整蒙版参数

图9-50　预览画面效果

↘ 9.2.5　视频变速

使用"时间重映射"效果可以调整短视频不同部分的速度，使短视频播放具有节奏感，具体操作方法如下。

步骤 01 在序列中按住【Alt】键的同时向上拖动"视频16"剪辑，复制该视频剪辑到V2轨道，然后展开V2轨道，如图9-51所示。

微课视频

视频变速

步骤 02 用鼠标右键单击"视频16"剪辑左上方的 fx 图标，选择"时间重映射"|"速度"命令，将轨道上的关键帧更改为速度关键帧，如图9-52所示。

图9-51 复制视频剪辑并展开V2轨道

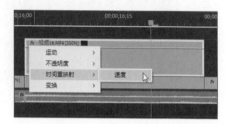

图9-52 选择"速度"命令

步骤 03 按住【Ctrl】键的同时在速度轨道上单击，添加两个速度关键帧，并提升关键帧中间部分的速度，降低关键帧左右两侧部分的速度，如图9-53所示。

步骤 04 拖动速度关键帧，将其拆分为左、右两个部分，出现的两个标记之间形成速度逐渐变化的斜线，拖动斜线上的手柄使其变得平滑，如图9-54所示。向下拖动视频剪辑，覆盖原视频剪辑。采用同样的方法，对其他需要变速的视频剪辑进行调整。

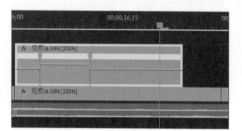

图9-53 调整速度关键帧速度

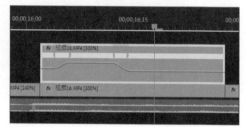

图9-54 拆分速度关键帧

↘ 9.2.6 添加"缩放"动画

使用"变换"效果为视频剪辑添加"放大"或"缩小"动画，使画面变得更加动感，然后运用"保存预设"功能一键将动画效果应用到视频剪辑中，具体操作方法如下。

微课视频

添加"缩放"动画

步骤 01 在序列中选中"视频1"剪辑，添加"变换"效果，启用"缩放"动画，添加两个关键帧，设置"缩放"参数分别为120.0、100.0，制作"缩小"动画，第一个关键帧参数如图9-55所示。

步骤 02 选中两个关键帧并用鼠标右键单击，选择"连续贝塞尔曲线"命令，如图9-56所示。

步骤 03 用鼠标右键单击"变换"效果，选择"保存预设"命令，在弹出的对话框中输入名称和描述信息，然后单击"确定"按钮，如图9-57所示。

步骤 04 在序列中选中"视频2"剪辑，添加"变换"效果，启用"缩放"动画，添加两个关键帧，设置"缩放"参数分别为100.0、110.0，制作"放大"动画，第二个关键帧参数如图9-58所示。

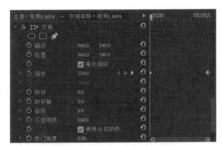

图9-55　制作"缩小"动画

图9-56　选择"连续贝塞尔曲线"命令

图9-57　"保存预设"对话框

图9-58　制作"放大"动画

步骤 05 用鼠标右键单击"变换"效果，选择"保存预设"命令，在弹出的对话框中输入名称和描述信息，然后单击"确定"按钮，如图9-59所示。

步骤 06 在序列中选中"视频3"剪辑，在"效果"面板中展开"预设"文件夹，可以看到保存的预设动画效果，将"变换 缩小"效果拖至视频剪辑或"效果控件"面板上，如图9-60所示。采用同样的方法，为其他视频剪辑添加保存的预设动画效果。

图9-59　"保存预设"对话框

图9-60　添加预设动画效果

步骤 07 添加预设动画效果后，可以根据需要对效果参数进行调整。例如，在"视频18"剪辑中缩小关键帧之间的距离，并调整第二个关键帧"缩放"参数为160.0，然后调整关键帧贝塞尔曲线，如图9-61所示。

步骤 08 对于通过"时间重映射"功能进行快慢变速的视频剪辑，添加预设动画效果后，根据需要调整关键帧贝塞尔曲线，使动画先慢后快，如图9-62所示。

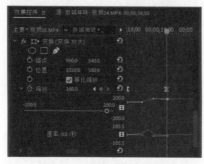
图9-61　调整预设动画效果

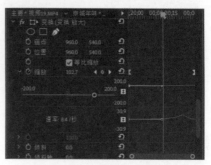
图9-62　调整关键帧贝塞尔曲线

↘ 9.2.7　设置转场效果

为短视频中的视频剪辑设置转场效果，包括制作摇镜头转场效果，制作旋转扭曲转场效果，以及使用第三方插件添加转场效果等。

1. 制作摇镜头转场效果

摇镜头转场是模拟相机摇镜的转场效果，即在切换画面时为两个画面添加同一方向的位置移动和动态模糊，具体操作方法如下。

步骤 01 在"项目"面板中新建"调整图层"，双击"调整图层"，如图9-63所示。

步骤 02 在第9帧位置标记出点，如图9-64所示。

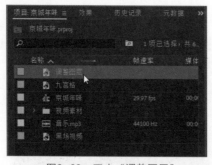
图9-63　双击"调整图层"

图9-64　标记出点

步骤 03 将"调整图层"添加到V2轨道，并将其置于"视频17"剪辑的转场位置，如图9-65所示。

步骤 04 分别为"调整图层"添加"复制""偏移"和"镜像"效果，在"效果控件"面板中设置各效果参数，如图9-66所示。

图9-65　添加"调整图层"

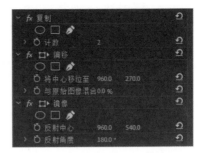

图9-66　设置"复制""偏移"和
"镜像"效果参数

步骤 **05** 在"节目"面板中预览此时的画面效果，如图 9-67 所示。

步骤 **06** 在 V3 轨道上添加"调整图层"，如图 9-68 所示。

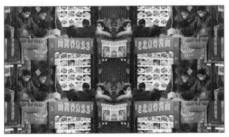

图9-67　预览画面效果

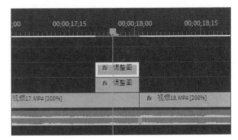

图9-68　添加"调整图层"

步骤 **07** 为"调整图层"添加"变换"效果，设置"位置"参数为 0.0　540.0，然后设置"缩放"参数为 200.0，如图 9-69 所示。

步骤 **08** 在"节目"面板中预览此时的画面效果，如图 9-70 所示。

图9-69　设置"变换"效果参数

图9-70　预览画面效果

步骤 **09** 复制两个"调整图层"，并将其置于"视频 18"剪辑的开始位置，选中 V2 轨道上的"调整图层"，如图 9-71 所示。

步骤 **10** 在"效果控件"面板中设置"镜像"效果中的"反射角度"参数为 0.0°，如图 9-72 所示。

步骤 **11** 选中 V3 轨道上的"调整图层"，如图 9-73 所示。

步骤 **12** 在"效果控件"面板中设置"变换"效果中的"位置"参数为 1920.0　540.0，如图 9-74 所示。

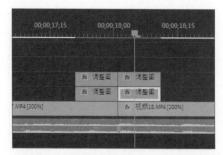

图9-71 选中V2轨道上的"调整图层"

图9-72 设置"反射角度"参数

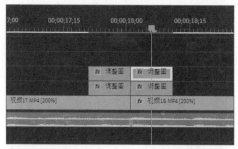

图9-73 选中V3轨道上的"调整图层"

图9-74 设置"位置"参数

步骤 13 选中 V3 轨道上左侧的"调整图层"，启用"位置"动画，设置第二个关键帧参数为 1920.0 540.0，然后调整关键帧贝塞尔曲线。在下方取消选中"使用合成的快门角度"复选框，设置"快门角度"参数为 240.00，如图 9-75 所示。

步骤 14 选中 V3 轨道上右侧的"调整图层"，启用"位置"动画，设置第一个关键帧参数为 0.0 540.0，然后调整关键帧贝塞尔曲线。在下方取消选中"使用合成的快门角度"复选框，设置"快门角度"参数为 240.00，如图 9-76 所示。

图9-75 设置V3轨道左侧"调整图层"参数 图9-76 设置V3轨道右侧"调整图层"参数

步骤 15 在"节目"面板中预览画面效果，如图 9-77 所示。

步骤 16 由于视频剪辑同样应用了"变换"效果，这会导致在转场前出现画面跳跃，可以通过嵌套序列来解决此问题，方法为：选中"视频 17"剪辑，在"效果控件"面板中选中添加的"变换"预设效果，按【Ctrl+X】组合键进行剪切，如图 9-78 所示。

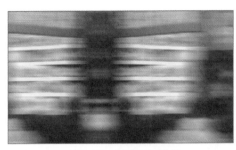

图9-77　预览画面效果

图9-78　选中添加的"变换"预设效果

步骤 17 用鼠标右键单击视频剪辑，选择"嵌套"命令，在弹出的对话框中输入名称，然后单击"确定"按钮，如图9-79所示。

步骤 18 选中"视频17"嵌套序列，打开"效果控件"面板，按【Ctrl+V】组合键粘贴"变换"预设效果，如图9-80所示。采用同样的方法，设置"视频18"剪辑。

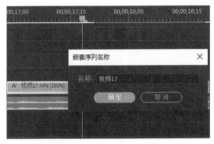

图9-79　输入嵌套序列名称

图9-80　粘贴"变换"预设效果

2. 制作旋转扭曲转场效果

为视频剪辑制作旋转扭曲转场效果，具体操作方法如下。

步骤 01 在"视频5"剪辑上方将"黑场视频"向上移至V5轨道，然后将"调整图层"添加到V2轨道，并置于"视频5"剪辑的开始位置，修剪"调整图层"为15帧，如图9-81所示。

步骤 02 为"调整图层"添加"复制"和"偏移"效果，在"效果控件"面板中设置效果参数，如图9-82所示。

微课视频

制作旋转扭曲
转场效果

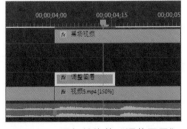

图9-81　添加并修剪"调整图层"

图9-82　设置"复制"和"偏移"效果参数

步骤 03 在"节目"面板中预览此时的画面效果，如图9-83所示。

步骤 04 为"调整图层"添加4个"镜像"效果，在"效果控件"面板中设置各效果参数，如图9-84所示。

图9-83 预览画面效果

图9-84 设置"镜像"效果参数

步骤 05 在"节目"面板中预览此时的画面效果，如图9-85所示。

步骤 06 在V3轨道上添加两个"调整图层"，并分别置于"视频4"和"视频5"剪辑的转场位置，如图9-86所示。

图9-85 预览画面效果

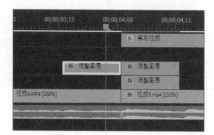

图9-86 添加"调整图层"

步骤 07 为左侧的"调整图层"添加"变换"效果，启用"缩放"动画，添加两个关键帧，设置"缩放"动画参数分别为100.0、300.0，调整关键帧贝塞尔曲线，第二个关键帧参数如图9-87所示。

步骤 08 启用"旋转"动画，添加两个关键帧，设置"旋转"动画参数分别为0.0°、70.0°。在下方取消选中"使用合成的快门角度"复选框，设置"快门角度"参数为180.00，第二个关键帧参数如图9-88所示。

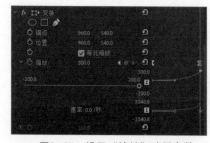

图9-87 设置"缩放"动画参数

图9-88 设置"旋转"动画参数

步骤 09 为右侧的"调整图层"添加"变换"效果，启用"缩放"动画，添加两个关键帧，设置"缩放"参数分别为140.0、200.0，调整关键帧贝塞尔曲线，第一个关键帧参数如图9-89所示。

步骤 10 启用"旋转"动画，添加两个关键帧，设置"旋转"动画参数分别为-20.0°、0.0°。然后在下方取消选中"使用合成的快门角度"复选框，设置"快门角度"参数为180.00，第一个关键帧参数如图9-90所示。

图9-89　设置"缩放"动画参数

图9-90　设置"旋转"动画参数

步骤 11 在V4轨道上添加两个"调整图层"，并分别置于"视频4"和"视频5"剪辑的转场位置，如图9-91所示。

步骤 12 为左侧的"调整图层"添加"镜头扭曲"效果，启用"曲率"动画，添加两个关键帧，设置"曲率"动画参数分别为0、-70，第二个关键帧参数如图9-92所示。

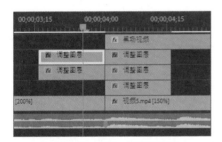

图9-91　添加"调整图层"

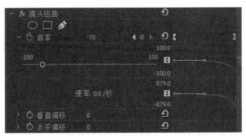

图9-92　设置"曲率"动画参数

步骤 13 为右侧的"调整图层"添加"镜头扭曲"效果，启用"曲率"动画，添加两个关键帧，设置"曲率"动画参数分别为-30、0，第一个关键帧参数如图9-93所示。

步骤 14 在"节目"面板中预览画面效果，如图9-94所示。

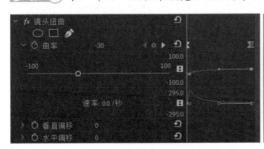

图9-93　设置"曲率"动画效果

图9-94　预览画面效果

3. 使用第三方插件添加转场效果

除了使用Premiere内置的转场效果设置转场外，剪辑师还可以使用第三方插件为短视频添加更加丰富、精致的转场效果，具体操作方法如下。

微课视频

使用第三方插件
添加转场效果

步骤 **01** 在系统中安装 FilmImpact 转场插件，然后重新启动 Premiere，在"效果"面板中即可看到安装的转场效果，如图 9-95 所示。

步骤 **02** 选择"Impact Zoom Blur"转场效果，如图 9-96 所示。

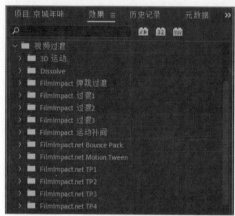

图9-95　安装转场效果　　　　图9-96　选择转场效果

步骤 **03** 将"Impact Zoom Blur"转场效果拖至"视频 12"和"视频 13"剪辑之间，如图 9-97 所示。此时，即可为视频剪辑添加"缩放模糊"转场效果。

步骤 **04** 在"节目"面板中预览画面效果，如图 9-98 所示。采用同样的方法，根据需要为其他视频剪辑添加所需的转场效果。

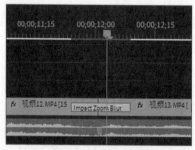

图9-97　添加转场效果　　　　图9-98　预览画面效果

↘ 9.2.8　编辑音频

对短视频中的音频进行编辑，具体操作方法如下。

步骤 **01** 音乐前奏部分音量较小，在"音频仪表"面板中可以看到音量分贝值约为 −10dB，对该部分音频剪辑进行分割，如图 9-99 所示。

微课视频

编辑音频

步骤 02 用鼠标右键单击音频剪辑，选择"音频增益"命令，在弹出的对话框中选中"调整增益值"单选按钮，设置值为6dB，然后单击"确定"按钮，如图9-100所示。

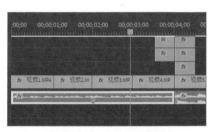

图9-99 分割音频剪辑　　　　　　　图9-100 设置"调整增益值"参数

步骤 03 对音频剪辑结尾的最后一个音乐节奏进行裁剪，用鼠标右键单击所选的音频剪辑，选择"嵌套"命令，在弹出的对话框中输入名称"尾音"，然后单击"确定"按钮，创建嵌套序列，如图9-101所示。

步骤 04 打开"尾音"嵌套序列，新建"调整图层"，并将"调整图层"添加到V1轨道，如图9-102所示。

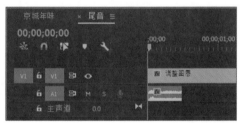

图9-101 创建嵌套序列　　　　　　图9-102 添加"调整图层"

步骤 05 返回主序列，调整音频剪辑的出点到序列的结束位置，如图9-103所示。

步骤 06 为音频剪辑添加"环绕声混响"效果，单击"预设"按钮，在弹出的列表中选择"困在井里"选项，如图9-104所示。此时，即可让音乐结束得更自然，而不是戛然而止。

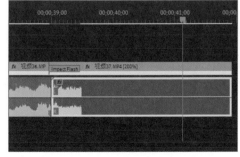

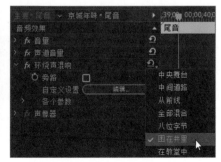

图9-103 调整音频剪辑出点位置　　　图9-104 选择"困在井里"选项

↘ 9.2.9 短视频调色

对短视频进行调色，通过创意LUT一键风格化画面色彩，然后对色调进行微调，具体操作方法如下。

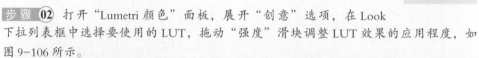

步骤 01 新建"调整图层"，并将其添加到序列的最上层，调整"调整图层"的时长，使其覆盖整个序列，如图9-105所示。

步骤 02 打开"Lumetri 颜色"面板，展开"创意"选项，在 Look 下拉列表框中选择要使用的LUT，拖动"强度"滑块调整 LUT 效果的应用程度，如图9-106所示。

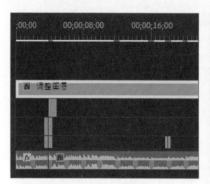

图9-105 添加"调整图层"
并调整时长

图9-106 应用LUT

步骤 03 单击"Lumetri 颜色"下拉按钮，选择"添加 Lumetri 颜色效果"选项，为"调整图层"添加"Lumetri 颜色"效果，如图9-107所示。

步骤 04 展开"基本校正"选项，调整"高光""阴影""白色"等参数，如图9-108所示。

图9-107 添加"Lumetri颜色"
效果

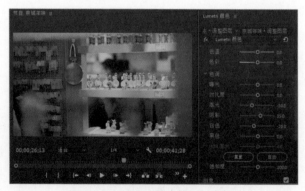

图9-108 设置"基本校正"参数

步骤 05 对视频剪辑进行单独调色，可以在序列中选中该视频剪辑，然后在"Lumetri 颜色"面板中设置各项调色参数，如图9-109所示。

图9-109　对视频剪辑单独调色

↘ 9.2.10　添加字幕

微课视频

添加字幕

为短视频添加字幕，具体操作方法如下。

步骤 01 使用文本工具在"节目"面板中输入字幕文本"京城年味"，在"效果控件"面板中设置字幕文本的字体、大小、外观等样式，如图9-110所示。

步骤 02 在"节目"面板中预览画面效果，如图9-111所示。

图9-110　设置文本样式

图9-111　预览画面效果

步骤 03 选中"年"字，在"效果控件"面板中设置填充和描边样式，效果如图9-112所示。

步骤 04 采用同样的方法，继续在短视频中添加所需的字幕文本，并设置文本样式，如图9-113所示。短视频制作完成后，按【Ctrl+M】组合键将其导出。

图9-112　设置填充和描边样式

图9-113　添加字幕文本并设置文本样式

课后练习

　　打开"素材文件\第9章\课后练习"文件，利用提供的视频素材和音频素材，使用Premiere制作一条旅拍短视频。

　　关键操作：粗剪视频、根据音乐节奏调整剪辑点、使用时间重映射设置视频变速、利用蒙版进行遮罩转场、编辑音频。